本书的出版得到国家自然科学基金项目"农村居民生活亲环境行为发生机制与引导政策研究"（项目批准号：71864018）的资助，特此感谢！

相对贫困治理与乡村振兴系列丛书

滕玉华 著

农村居民生活亲环境行为的发生机制研究

中国社会科学出版社

图书在版编目（CIP）数据

农村居民生活亲环境行为的发生机制研究 ／滕玉华著 . —北京：中国社会科学
出版社，2023.3

（相对贫困治理与乡村振兴系列丛书）

ISBN 978 – 7 – 5227 – 1549 – 0

Ⅰ.①农…　Ⅱ.①滕…　Ⅲ.①农村—居民生活—影响—生态环境—研究—中国
Ⅳ.①D669.3②X321.2

中国国家版本馆 CIP 数据核字（2023）第 040833 号

出 版 人	赵剑英
责任编辑	孔继萍
责任校对	郝阳洋
责任印制	郝美娜

出　　版	中国社会科学出版社
社　　址	北京鼓楼西大街甲 158 号
邮　　编	100720
网　　址	http://www.csspw.cn
发 行 部	010 – 84083685
门 市 部	010 – 84029450
经　　销	新华书店及其他书店

印　　刷	北京君升印刷有限公司
装　　订	廊坊市广阳区广增装订厂
版　　次	2023 年 3 月第 1 版
印　　次	2023 年 3 月第 1 次印刷

开　　本	710×1000　1/16
印　　张	16.5
插　　页	2
字　　数	262 千字
定　　价	98.00 元

凡购买中国社会科学出版社图书，如有质量问题请与本社营销中心联系调换
电话:010 – 84083683

编委会名单

（排名不分先后）

主　编

李晓园

成　员

李晓园　江西师范大学二级教授、博士生导师

张立荣　华中师范大学二级教授、博士生导师

李燕萍　武汉大学二级教授、博士生导师

朱天义　江西师范大学副教授、硕士生导师

陈　武　江西师范大学副教授、硕士生导师

滕玉华　江西师范大学副教授、硕士生导师

胡　翔　湖北大学副教授、硕士生导师

推荐序

"十三五"时期，我国完成了消除绝对贫困的艰巨任务，创造了彪炳史册的人间奇迹，但是相对贫困仍然存在，全面建设社会主义现代化国家，最艰巨最繁重的任务在农村，实现共同富裕的重点和难点在农村，乡村振兴是全面建设社会主义现代化国家，实现共同富裕的必经之路。当前，农产品阶段性供过于求与供给不足并存，农民适应生产力发展与激烈市场竞争所需能力不足，农民和农村内生发展动力亟待跃迁，农村基础设施与民生领域欠账较多，城乡之间要素流动不畅，农村环境与生态亟待优化，乡村治理体系与治理能力亟待强化等依然严重制约乡村振兴的顺利实施。《相对贫困治理与乡村振兴系列丛书》直面相对贫困治理与乡村振兴中的问题，从县域政府治理、产业融合发展、居民生活亲环境行为等方面展开大量社会调查研究，揭示数字技术赋能相对贫困治理与产业发展的作用机理，探索提升乡村治理能力现代化、乡村产业持续发展和乡村人居环境持续改善的行动路径。研究成果具有重要的学术价值和实践意义。

县域政府是直接面向乡村的基层政府，是相对贫困治理与实施乡村振兴的核心力量，负有重要的领导、组织、服务与监管职能。数字技术正成为激活县域政府有效治理的新动能，为政府推动农村产业价值链重构和乡村人居环境治理质量提升，扎实推进共同富裕提供有力的新技术手段。《乡村振兴中的数字技术治理逻辑》一书从数字技术治理角度解构中国特色反贫困理论，系统梳理我国反贫困的历史演进、政策特征，并通过典型案例解析，总结地方脱贫攻坚经验与模式；基于扎根理论，构建数字技术赋能乡村振兴的作用机理，并进行实证检验，探究乡村振兴中数字技术治理的理论与实践逻辑。

产业兴旺是乡村振兴的基础，是实现基层治理能力现代化的"牛鼻子"。随着国家系列政策不断释放，各类开发主体纷纷进场，康养、文旅、田园小镇，田园综合体、现代农业产业园等名目众多，政府面临着如何打造乡村产业振兴样板、企业如何解决获取土地最大化收益及管控投资风险等问题。普通农民群众又当如何迎接乡村振兴这一政策机遇？《数字化赋能乡村产业融合发展研究》一书为各类主体从宏观逻辑理解我国农业农村的发展规律提供了系统思路。该书着重从政策、市场、技术三个层面分析"十四五"时期乡村产业发展的现实条件与困境，采用扎根理论方法探索数字化赋能乡村产业融合发展的作用机理，并结合鲜活的实践案例提出数字技术赋能乡村产业生产、加工和流通过程管理的"可视数字环"和连接三产参与主体的"可视数字桥"，提出乡村中小微企业数字化成长与乡村产业融合发展的未来研究框架。

据农业农村部发布的《中国乡村振兴产业融合发展报告（2022）》，全国乡村产业融合发展势头良好，产业规模初具，农业产业链和多种功能不断延伸延展，产业融合主体规模不断壮大。然而，受多种因素影响，欠发达地区县域政府培育的农业产业项目只有少数能正常对接市场，其他产业项目多处于封闭、停滞和同质化状态，是何原因导致欠发达地区县域政府培育农业产业的行动出现如此迥异的结果？《乡村农业产业培育中县域政府的行动逻辑》独辟蹊径，从政府系统与社会系统协同互动的角度构建分析框架，为解释上述疑惑提供了"对症良方"。该书从"情境—过程"分析视角，分别从欠发达地区县域政府培育农业经营主体、促进农业产业技术革新和建设农业市场流通体系三个方面论述了欠发达地区农业产业培育的内在逻辑关系，不仅为优化欠发达地区县域政府培育农业产业的行动策略提供理论工具，而且为规避乡村振兴战略实施中的政策执行偏差、拓新县域政府培育农业产业行动研究提供新分析范式。

乡村振兴，人才是关键。壮大乡村振兴发展人才队伍是突破"农村空心化"、撬动沉睡资源、推动特色产业发展的重要途径，中共十八大以来，我国开始加快探索依托创业孵化平台载体吸引和培育扎根乡村发展人才的新路子，创业孵化平台载体如雨后春笋般涌现于全国农村地区，形成了"繁荣"与"过剩"发展并存的局面，如何促进创业孵化平台载体从量变走向质变？《创业孵化平台组织研究》一书以"创业孵化平台组织构建机理与培育效果评价"为主线，探索出独特的创业孵化平台组织竞争力结构与培育路径，并设计出一套科学客观的发展质量评价指标体系，为推动创业孵化平台组织高质量发展和创新创业人才培育提供了新思路。

　　生态宜居是乡村振兴战略的总要求之一。农村居民是农村人居环境治理的主体，引导农村居民在生活中实施亲环境行为是推进生态宜居美丽乡村的关键。然而，当前公众在绿色消费、减少污染产生和分类投放垃圾等行为领域的积极性处于较低水平。《农村居民生活亲环境行为的发生机制研究》一书以国家生态文明试验区（江西）为案例，以农村居民为研究对象，从组态视角、行为主动视角、生产与生活环境政策交互视角对农村居民的生活亲环境行为的生成机制进行深入研究，揭示农村居民生活亲环境行为的发生机制，并提出相关建议。

　　时代在变迁，破解乡村发展困局当需引入新思维，开发新工具。总体而言，该丛书文献调研深入全面，立题指导思想明确，研究设计合理，研究方法适当，研究过程严谨，研究结论具有较强的科学性、针对性和较好的创新性，丰富了具有中国特色的乡村振兴理论体系。该丛书不仅可为优化乡村振兴战略相关政策提供理论分析工具，而且也将为读者从多学科、多方法视域理解中国乡村振兴理论与实践提供重要启示。

厦门大学公共政策研究院教授、院长

2023 年 2 月 23 日

总　序

　　"大国小农"的基本国情农情一直是横亘在我国推进农业农村现代化、建设世界农业强国的一座大山，中国共产党矢志不渝地探索引领农业农村走向富强之路。《井冈山土地法》的颁布拉开了中国农业农村改革发展的序幕，历经几代人长期的艰苦奋斗，农业农村改革和现代化发展迈上了全新台阶，特别是 2020 年我国脱贫攻坚战取得了全面胜利，完成了消除绝对贫困的艰巨任务。当前，乡村振兴战略扎实推进，广大乡村正实现从"吃得饱"到"吃得好"，从"满足量"到"提升质"的飞跃，乡村"硬件""软件"持续提升。

　　以云计算、人工智能、生命科学等为代表的第四次工业革命深刻影响着人类发展。农业农村各个领域随着新技术革命的持续推进发生着颠覆性变革，呈现出新业态、新模式、新产业、新服务、新产品、新职业、新农人等乡村发展新图景，诸多乡村振兴理论与实践问题也亟待新的诠释与理论指导。《相对贫困治理与乡村振兴系列丛书》以此为出发点，深入探讨政府、居民、技术等多元化主体或要素与乡村振兴互融、互生、互嵌、互促的理论机理，以期为读者把握数字技术治理与乡村振兴规律，前瞻性地分析乡村振兴中的问题，提出更优的解决方案以供借鉴和启示。

　　乡村振兴是乡村的全面振兴，产业兴旺、生态宜居、乡风文明、治理有效和生活富裕是乡村振兴的总要求。其中产业兴旺是乡村振兴的基石，生态宜居是提高乡村发展质量的保证，乡风文明是乡村振兴的精神支持，治理有效是乡村振兴的基础，生活富裕则是乡村振兴的根本目标。本丛书不追求面面俱到，着重从实现产业兴旺、生态宜居、治理有效三方面，选取某一典型问题深入研究，探讨政府、居民、技术等多元化主体或要素与乡村振兴互融、互生、互嵌、互促的理论与实践方面的重点问题。本丛书共包括《乡村振兴中的数字技术治理逻辑》《乡村农业产业培育中县域政府的行动逻辑》《数字化赋能乡村产业融合发展研究》《农村居民生活亲环境行为的发生机制研究》《创业孵化平台组织研究》五册，主要研究内容为：一是聚焦治理有效，研究数字技术赋能地方政府相对贫困治理，促进乡村振兴的行动逻辑。着重探究地方政府相对贫困治理与乡村振兴中的数字技术治理的现实逻辑、理论逻辑与实践逻辑，揭示数字化赋能政府相对贫困治理与乡村振兴的作用机制，信实呈现数字技术赋能地方政府相对贫困治理与乡村振兴的经验与模式。二是围绕产业兴旺，研究政府、数字技术与乡村产业发展关系。一方面，从"情境—过程"分析视角解析县域政府培育农业产业的行动逻辑。另一方面，在全面把握我国乡村产业政策演变、现实条件与困境的基础上，对比世界发达农业国家经验，深刻揭示数字技术对乡村产业融合发展的赋能关系，试图丰富和拓展技术与乡村产业融合的内在规律。三是专注生态宜居，研究农村居民亲环境行为发生规律。综合实施地点、组态、行为主动和生产与生活环境政策交互视角，全面解析农村居民"公""私"领域节能行为"正向一致"和"负向一致"发生机制，心理因素联动对农村居民"公"领域亲环境行为的影响，农村居民生活自愿亲环境行为的发生机制和组态路径。提出建设生态宜居美丽乡村的前瞻对策。

各分册具有共同的逻辑框架。首先，溯源乡村振兴相关思想与理论，以时间为轴，系统地、完整地追溯和回顾乡村贫困治理、产业发展、政府治理、居民行为、创业孵化平台组织相关理论体系、政策体系，探讨相关理论或政策体系的演变，为后续进行案例剖析、理论解析奠定理论基础。其次，系统开展田野调查，综合运用访谈、问卷、座谈、现场考察、网络资料等方法系统性收集研究素材，力求基于科学、客观、真实的数据素材，采用科学契合的方法还原乡村振兴实践。再次，建构创新性的理论框架，基于理论思想溯源和田野调查，构建数字技术治理逻辑框架、基层政府农业产业培育行动逻辑框架、数字化赋能产业融合理论框架、农村居民生活亲环境行为理论框架、创业孵化平台组织培育与评价理论框架，丰富和发展乡村振兴理论体系。最后，构建前瞻性的政策工具箱，科学理论的价值在于指导实践，本丛书基于理论研究，从提升县域政府数字治理效能、促进乡村产业高质量发展、科学培育与评价创业孵化平台组织、养成居民生活自愿亲环境行为等方面提出相关政策建议，为促进乡村振兴提供理论指导和建议参考。

本丛书遵循马克思主义理论与实践相统一的基本原则，以新时代中国特色社会主义思想为指引，以植根乡村、振兴乡村为使命，基于公共管理、工商管理、应用经济、社会心理学等多学科视角，融合扎根理论、案例研究、比较分析、对比分析、数理统计等多种方法，围绕地方政府治理、产业发展、创业孵化和人居环境优化等内容展开研究，既丰富了具有中国特色的乡村振兴理论体系，也可促进国际乡村发展研究交流互鉴，呈现学科交叉、方法融合、理论互鉴等研究特色。

本丛书试图进行以下创新：一是构建数字技术赋能政府治理与乡村发展理论模型。数字乡村建设正在如火如荼地开展，数字技术已广泛嵌入乡村各个方面并引发深度变革。本丛书紧密结合乡村数字技术情境，构建乡村振兴数字技术治理模型（数字技术与相对贫困治理，数字经济与乡村创业）、数字化赋能乡村产业融合发展作用机理模型，探索乡村振兴中的数字技术治理规律，是对技术与乡村发展关系理论的深化。二是整合多学科理论与方法，构建县级政府促进乡村振兴行为理论框架。县级政府数量众多，是乡村振兴的重要执行主体和直接面向乡村的领导者。本丛书以县级政府为核心研究对象，构建了欠发达地区县级政府培育农业行动策略理论框架，丰富和发展了县级政府与农业经营主体培育、农业产业技术革新、农业市场流通体系建设方面的公共管理理论。三是基于心理与组织行为理论，从微观视角构建农村居民生活自愿亲环境行为理论框架。居民是乡村的主人，也是乡村振兴的主力军，激活他们的自愿行为对促进乡村振兴具有十分重要的现实意义。本丛书以居民生活自愿亲环境行为为对象，发现生产命令型政策、生产技术指导型政策、生活经济型政策和生活服务型政策对农村居民生活自愿亲环境行为存在差异化影响，为激励乡村居民自觉优化人居环境提供政策参考。四是基于资源依赖等理论，构建了创业孵化平台组织培育与评价理论框架。创业孵化平台组织是乡村初创企业诞生的重要载体，更是培育和壮大乡村企业规模与人才队伍的关键利器。本丛书以创业孵化平台组织为对象，发现了创业孵化平台组织实现自我成长与发展的培育路径，并为创新性地评价创业孵化平台组织发展成效提供了科学评价指标体系。

实现共同富裕的重点难点在农村，全面推进乡村振兴是新时代建设社会主义现代化国家的重要任务。这套丛书凝结了七位老中青学者深耕乡村发展研究的感悟与思考，期待其出版，为相关政府部门健全乡村振兴政策，推进乡村治理能力现代化提供助力；为社会大众深度认知乡村、热爱乡村、扎根乡村、建设乡村提供行动指引；为企业、社会组织积极参与乡村振兴建设提供路径参考；为广大学界同行研究乡村振兴理论与实践提供启示。

"路漫漫其修远兮，吾将上下而求索"，我们将"并天下之谋，兼天下之智"，围绕推动乡村振兴、实现共同富裕而展开更深入的研究，推出更高质量的研究成果，也热切期盼广大专家学者与实践界的同志们提出宝贵意见和建议。

2023 年 2 月 23 日

前　言

　　建设生态宜居的美丽乡村是乡村振兴战略的主要内容，党和政府高度重视生态宜居美丽乡村建设。党的十九大报告中专门提出"建设生态文明是中华民族永续发展的千年大计，坚持节约资源和保护环境的基本国策，像对待生命一样对待生态环境"。2021 年中央一号文件提出"实施农村人居环境整治提升五年行动"。2021 年中共中央办公厅、国务院办公厅印发的《农村人居环境整治提升五年行动方案（2021—2025 年）》明确要求"充分发挥农民主体作用"。2021 年《"美丽中国，我是行动者"提升公民生态文明意识行动计划（2021—2025 年）》中明确提出"自觉践行《公民生态环境行为规范（试行）》""把对美好生态环境的向往进一步转化为行动自觉"。农村居民是农村人居环境治理的主体，引导农村居民在生活中实施亲环境行为是推进生态宜居美丽乡村的关键。然而，《公民生态环境行为调查报告（2021 年）》显示公众在践行绿色消费、减少污染产生和分类投放垃圾等行为领域，仍然存在"高认知度、低践行度"的现象。因此，研究农村居民生活亲环境行为的发生机制，可以为引导农村居民亲环境政策的开发和优化提供理论基础，从生活方面推进美丽乡村建设。

　　本书的研究目标包括：①根据农村居民亲环境行为实施地点的不同，将亲环境行为分为"私"领域亲环境行为和"公"领域亲环境行为。以节能行为为例，解析农村居民"公""私"领域节能行为"正向一致"和"负向一致"的发生机制。②从组态视角，探究心理因素联动对农村居民"公"领域亲环境行为的影响。③从行为主动的视角，揭示农村居民生活自愿亲环境行为的发生机制，为引导农村居民自愿实施亲环境行为提供指导。④从生产与生活环境政策交互的视角，挖掘农村居民生活自觉亲环境行为发生组态路径，为政府部门优化引导政策设计与实施提供理论依据。

本书以国家生态文明试验区（江西）为案例区，以农村居民为研究对象，研究农村居民生活亲环境行为的发生机制。本书的主要观点和结论：

（1）"农村居民'公'领域亲环境行为研究"的主要观点和结论

政策工具对农村居民"公""私"领域节能行为的影响存在差异。自愿参与型政策和命令控制型政策通过内部节能动机影响农村居民实施"公"领域节能行为，经济激励型政策通过外部节能动机影响节能内部动机，进而影响农村居民"公"领域节能行为；自愿参与型政策和命令控制型政策通过内部节能动机影响农村居民实施"私"领域节能行为，经济激励型政策通过外部节能动机影响农村居民"私"领域节能行为。

农村居民"公""私"领域节能行为"正向一致"和"负向一致"的影响因素存在差异；"正向一致性"主要受收入、节能知识、舒适偏好、节能责任感以及消极节能情感的影响；"负向一致性"主要受年龄、政策认知、舒适偏好、节能责任感、个人规范以及节能习惯的影响。

从节能意识三维度来看，生态价值观、节能态度和节能情感对农村居民"公"领域节能行为有正向影响；经济激励型政策、命令控制型政策正向调节农村居民节能态度与"公"领域节能行为之间的关系；政策执行力度在节能情感影响农村居民"公"领域节能行为的过程中发挥负向调节效应。

驱动农村居民"公"领域节能行为发生的组态路径有3条，与农村居民非"公"领域节能行为发生路径存在非对称性；强烈的节能意愿和行为愧疚感是导致行为发生的重要心理因素；在节能意愿、节能责任感和行为愧疚感的作用下，环境意识和生态价值观有等效替代作用。

（2）"农村居民生活自愿亲环境行为研究"的主要观点和结论

生态价值观在代际传承与农村居民生活自愿亲环境行为之间起中介作用；孝道态度正向调节父辈生态知识与农村居民生活自愿亲环境行为之间的关系；感知生态价值和感知社会价值在面子观念对农村居民自愿亲环境行为的影响中发挥中介作用；人际信任在情感支持对农村居民生活自愿亲

环境行为的路径中起中介作用，命令型政策强化了人际信任对农村居民生活自愿亲环境行为的促进作用；后果意识、责任归属、积极情感、消极情感和生态价值观通过个人规范间接影响农村居民生活自愿亲环境行为。

农村居民生活自愿亲环境行为的发生路径如下：社会网络→沟通扩散型政策、服务型政策→制度信任→生态价值观→主观规范→农村居民生活自愿亲环境行为；社会网络→家庭亲密度→非正式社会支持、面子意识→生态价值观→主观规范→农村居民生活自愿亲环境行为；性别→生态价值观→主观规范→农村居民生活自愿亲环境行为。

生产环境政策和生活环境政策的结合可以激发农村居民生活自愿亲环境行为；驱动农村居民生活自愿亲环境行为发生的路径共有4条，与农村居民非生活自愿亲环境行为的组态路径间存在非对称性；在生活环境政策存在的情况下，生产命令型政策和生产技术指导可以相互替代，在生产环境政策和生活沟通扩散性政策存在的情况下，生活经济型政策和生活服务型政策只需其一便可驱动农村居民生活自愿亲环境行为的发生。

本书的创新之处主要体现在研究视角、研究内容和研究方法三个方面。

（1）研究视角创新。第一，根据农村居民亲环境行为实施地点的不同，将亲环境行为分为"私"领域亲环境行为和"公"领域亲环境行为。从环境行为学、社会心理学、公共政策学等多学科交叉的视角，以节能行为为例，研究农村居民"公"领域亲环境行为发生机制，将居民亲环境行为的研究从"私"领域延伸到"公"领域，拓展了居民环境行为研究的领域。第二，基于亲环境行为的主动和被动特征，将亲环境行为分为内源（自愿）亲环境行为和外源（被迫）亲环境行为。从行为主动的视角，探究农村居民自愿亲环境行为发生机制，将居民亲环境行为的研究深化到自觉层面，拓展了居民环境行为研究的层次。

（2）研究内容创新。第一，以节能行为为例，探明了政策工具对农村居民"公""私"领域亲环境行为的影响机制；解析了农村居民"公""私"领域亲环境行为一致性的发生机制，可以弥补现有居民亲环境研究侧重于"私"领域，而对"公"领域缺乏系统研究的不足，同时也为完善环境政策提供新的思路。第二，厘清了外部环境和心理因素对农村居民生活自愿亲环境行为的影响机制；揭示了农村居民生活自愿亲环境行为发生的内在机理，不仅丰富和完善了现有农村居民亲环境行为的研究，还可为引导农村居民自愿实施亲环境行为政策的设计和实施提供理论基础。

（3）研究方法创新。尽管学者都认同农村居民生活亲环境行为是多种因素共同作用下的结果，但现有研究主要采用定量分析方法探究单个因素对农村居民生活亲环境行为的"边际"影响，却忽略了农村居民生活亲环境行为发生是诸多因素共同影响的理论事实。在现实情境下，各影响因素往往以组合常态共存，即存在多重并发因果关系，模糊集定性比较分析方法（fsQCA）适配多因素组合状态下影响路径的探究。本书采用模糊集定性比较分析方法，从"组态视角"分析了心理因素联动对农村居民"公"领域亲环境行为的影响；基于生产与生活环境政策交互的视角，探究农村居民生活自愿亲环境行为发生的组态路径，拓展了居民生活亲环境行为的研究方法。

本书是国家自然科学基金地区项目"农村居民生活亲环境行为发生机制与引导政策研究"（项目批准号：71864018）的成果之一。课题研究历时 4 年，感谢江西师范大学商学院李晓园教授、赵卫宏教授在项目申报以及研究过程中给予的指导和帮助；感谢南昌航空大学经济管理学院刘长进博士，江西农业大学经济管理学院唐茂林博士、高雪萍教授和汪兴东教授，江西师范大学熊小明副教授、陈武博士、朱天义博士和邓新老师参与本项目的调研和指导工作；感谢参与本项目研究的我的硕士研究生张轶之、范世晶、邓慧、吴素婷、陈丹妮、曾冠豪、金雨乐、徐子怡、李宁、邹阳和刘园等；感谢江西农业大学经济管理学院博士研究生张天东、硕士研究生肖波等。本书在撰写过程中参阅了国内外环境行为方面的相关文献，感谢这些文献的作者。

滕玉华

2022 年 7 月于南昌

目　　录

第一篇　农村居民生活亲环境行为基础理论

第二篇 农村居民"公"领域亲环境
行为研究：以节能行为为例

第三篇　农村居民生活自愿亲环境行为研究

第四篇　引导政策设计篇

第一篇

农村居民生活亲环境行为基础理论

第一章　导论

第一节　研究背景与研究意义

一　研究背景

引导农村居民生活亲环境行为是建设生态文明、推进乡村振兴战略的重要途径。党的十九大报告专门提出"建设生态文明是中华民族永续发展的千年大计，坚持节约资源和保护环境的基本国策，像对待生命一样对待生态环境""推进乡村振兴战略"。2018年中央一号文件再次强调要"推进乡村绿色发展，打造人与自然和谐共生发展新格局"。可见，党和政府高度重视农村生态文明建设。

2015年1月1日起施行的《中华人民共和国环境保护法》明确提出"公众参与"环境保护，并在第五章对"信息公开和公众参与"进行了专章规定。党的十九大报告又特别指出要"形成绿色发展方式和生活方式""构建政府为主导、企业为主体、社会组织和公众共同参与的环境治理体系"。政府高度重视公众在环境保护中的作用。

在此背景下，如何更好地引导公众实施亲环境行为引起了学者的广泛关注，许多学者对此展开了深入研究，取得了丰硕的成果。农村亲环境行为的研究主要集中在：农户有机垃圾还田（刘莹、黄季焜，2013）、农户农药施用行为（黄祖辉等，2016）、农村生活固体垃圾的处理（王金霞等，2011）、农户污染物处理行为（徐志刚等，2016）、农户秸秆处理行为（颜廷武等，2017；漆军等，2016；郭利京、赵瑾，2014）、农户废弃物资源化（全世文、刘媛媛，2017；宾幕容等，2017；何可、张俊飚，2014）、农村居民生态消费（刘文兴等，2017；贺爱忠、戴志利，2009）

等。城市亲环境行为的研究主要集中在：公众低碳消费（王建明、王俊豪，2011；王建明、贺爱忠，2011；王建国、杜伟强，2016；毕凌云，2011）、城市居民环境行为（Chen et al.，2017；孙岩、武春友，2007；曲英，2007）、城市居民绿色出行（杨冉冉、龙如银，2013；Geng et al.，2017）、城市居民节能（岳婷，2013；杨树，2015）、企业员工亲环境行为（芦慧，2016）等。从目前研究来看，呈现以下两个特点：一是农村亲环境行为的研究主要集中在生产领域，而农村生活领域亲环境行为的研究偏少；二是居民生活领域亲环境行为的研究大多基于城市居民或企业员工，而以农村居民作为研究对象，考察其亲环境行为的研究较少。受城乡二元经济结构的影响，中国城乡居民在环境行为上存在显著差异（Ding et al.，2017；Wang et al.，2016），因此，识别和探明影响农村居民生活亲环境行为的因素及其作用，探究其内在机制还需要更深入研究。

2016 年 8 月 26 日，首批国家生态文明试验区公布，江西、福建和贵州三省成为第一批国家生态文明试验区。2017 年 10 月，中共中央办公厅、国务院办公厅印发了《国家生态文明试验区（江西）实施方案》，明确指出"鼓励农村生活垃圾分类和资源化利用""鼓励自行车绿色出行"等。农村居民是农村生态文明建设的主体，有效引导农村居民在生活中实施亲环境行为对于推进农村生态文明建设至关重要。因此，我们有必要从农村居民角度探讨：农村居民生活亲环境行为是如何发生的？农村居民生活亲环境行为引导政策实现路径有哪些？政府引导政策的路径应该如何选择？我们认为，准确回答这些问题是政府有效引导农村居民生活亲环境行为、进一步推进生态宜居美丽乡村建设的基础前提。

鉴于此，本书以有效引导农村居民生活亲环境行为为目标，以农村居民为研究对象，以国家生态文明试验区江西省为案例区，以农村居民的调查数据为实证依据，以节能行为为例，探究农村居民"公"领域亲环境行为的发生机理；揭示农村居民"公"领域亲环境行为的引导政策实现路径；解析农村居民生活自愿亲环境行为的发生机制；挖掘农村居民生活自愿亲环境行为的引导政策实现路径，为政府决策部门优化引导居民实施亲环境行为的环境政策设计和实施方式提供科学依据。

二 研究意义

（一）理论意义

第一，从环境行为学、社会心理学、公共政策学等多学科交叉的视角，以节能行为为例，研究农村居民"公"领域亲环境行为发生机制，将居民亲环境行为的研究从"私"领域延伸到"公"领域，拓展了居民环境行为研究的领域。第二，从行为主动的视角，探究农村居民自愿亲环境行为发生机制，将居民亲环境行为的研究深化到自觉层面，拓展了居民环境行为研究的层次。第三，运用解释结构模型，解析农村居民"公""私"领域亲环境行为一致性的发生机制，深化"公"领域环境行为的研究。第四，采用模糊集定性比较分析方法，挖掘农村居民生活自愿亲环境行为引导政策的实现路径，完善居民亲环境行为引导政策的理论研究。

（二）现实意义

第一，关于农村居民"公"领域节能行为引导政策实现路径的研究，可为政府部门利用环境政策引导居民在"公"领域实施亲环境行为提供思路与方案。第二，关于农村居民自愿亲环境行为发生机制的研究，不仅有助于识别影响农村居民自愿亲环境行为的内外部因素，而且可为引导农村居民自愿实施亲环境行为提供指导。第三，关于农村居民自愿亲环境行为发生引导政策实现路径的研究，可以为政府部门设计和优化节能政策提供参考，为政府科学完善引导政策设计和实施提供决策参考。

第二节 文献综述

一 居民亲环境行为的主要影响因素的研究

现有居民亲环境行为影响因素的研究，主要集中在心理因素、社会人口统计学因素、情境因素等方面。

（一）心理因素

影响居民亲环境行为的心理因素有很多，比如态度、环境价值观、主观规范等。本书结合居民的特点和已有相关研究文献，有选择地对部分心理因素进行综述。

1. 态度。环境行为的相关研究，学者普遍使用环境态度。环境态度是指个体对与环境有关的活动、问题所持有的信念、情感、行为意图的集合（Corraliza and Berenguer，2000）。Kaiser 等（1999）将环境态度分为环境知识、环境价值观和环境行为倾向三个维度。武春友和孙岩（2006）将环境态度划分为三个维度：环境敏感度、环境关注和环境价值观。关于环境态度与环境行为之间的关系，目前学者的研究还没有形成统一结论。一些研究表明，环境态度直接影响个体环境行为（Zhao et al.，2014；Vringer et al.，2007；Gadenne et al.，2011）。也有研究发现，环境态度本身不能对环境行为产生直接的影响，只有与其他因素共同作用才能影响环境行为（Brandon and Lewis，1999；Susilo et al.，2012；Bai and Liu，2013；陈凯等，2014）。Sottile 等（2015）认为导致环境态度和环境行为不一致的原因可能在于出行距离、出行便捷程度、公共交通的完善程度等外部因素。

2. 环境价值观。价值观是态度和信念形成的基础，通过更为具体的态度或信念来间接影响行为（Kim and Choi，2005）。环境价值观是指个人对环境及相关问题所持有的价值观导向，是直接针对环境保护和环境义务的赞成或支持性行为（McMillan et al.，2004；Barr，2003）。环境价值观对居民环境行为的影响得到了大部分实证研究的证实（盛光华等，2019；史海霞，2017；Price et al.，2014；Howell，2013）。环境价值观可分为生态价值观、利己价值观和利他价值观（Stern et al.，1999；Stern and Dietz，1994）。Schultz 和 Zelezny（1999）发现生态价值观与环境行为正相关，利己价值观与环境行为负相关。De Groot 和 Steg（2010）研究表明，持有利他价值观和生态价值观的居民，更容易实施环保行为。

3. 主观规范。Ajzen（1991）在计划行为理论中把主观规范定义为：个人对于是否采取某项特定行为所感受到的社会压力。主观规范是社会规范在个体心理认知上的解读和判断。Ajzen（1991）在计划行为理论中就证明主观规范是行为意愿的主要前因变量，通过行为意愿作用于行为。Bamberg 等（2003）认为主观规范主要表现在两个方面：一是个体感受到的来自外界的期望；二是个体对他人的依从心理。Gärling 等（2003）发现个人的主观规范作用于行为意愿。于伟（2009）研究表明，消费者感知群体压力后环保意识显著增强，进而影响消费者的绿色消费行为。张毅祥和王兆华（2012）的研究结果表明主观规范对节能行为意愿有正向影响，营造良好的组织节能氛围可以促进员工节能。郭清卉等（2019）研究表明，个人规范对农户亲环境行为有促进作用。吕荣胜等（2016）发现节能个人规范可以促进居民实施节能行为。Wan 等（2017）认为个人规范对个体亲环境行为有预测作用。Collado 等（2019）发现个人规范会影响青少年亲环境行为。

4. 环境知识。关于环境知识对居民环境行为的影响，现有的研究结论还存在分歧。一些研究表明，环境知识与个体环境行为显著正相关（Synodinos，1990；Burgess et al.，1998；Hornik et al.，1995）。Zhang 等（2017）发现个体掌握垃圾分类知识对其进行垃圾分类有促进作用。Cooke 和 Vermaire（2015）发现环境问题知识和环境行动知识与环境行为有正相关性。Lee 等（2014）研究表明环境知识有助于个体实施环境购买行为和公民行为。但也有研究发现环境知识与环境行为之间没有关系（Schahn and Holzer，1990；Grob，1995）。

5. 行为意愿。计划行为理论认为个体对特定行为的行为意向直接决定由个人意志控制的行为。一些研究表明，行为意愿对实际行为解释力较强（Kaiser et al.，1999；Chen，1998；Tongleta et al.，2004）。但有研究发现，居民的环境意愿与行为之间存在缺口（Valkila and Saari，2013；孙剑等，2015）。陈凯和赵占波（2015）认为意愿—行为差距主要受到社会风气、基础配套设施、政策法规制度以及习惯的影响。杨冉冉（2016）研究得出，出行特性、出行偏好、社会参照规范和制度技术情境等内外部情境因素对城市居民行为意愿向绿色出行行为的转化路径存在调节效应。

6. 其他心理变量。有学者对影响居民环境行为的其他心理因素进行了研究，如环境责任感（Thøgersen，1996；Tanner，1999）、环境心理控制源（Bodur and Sarigollu，2005；Cleveland et al.，2005；Schwepker and Cornmell，1991；Axelrod and Lehman，1993；王建明、贺爱忠，2011）、道德规范（史海霞，2017；Onwezen et al，2013；De Groot et al.，2012）、生态消费意识（刘文兴等，2017）、自利性环保动机、规范性环保动机和工具性环保动机（芦慧等，2020）等。

（二）人口统计学变量

现有研究发现，影响居民亲环境行为的人口统计特征变量主要有收入、性别、年龄、受教育水平等。

1. 收入。关于收入与居民环境行为之间的关系，现有研究还没有形成统一结论。有研究发现，收入与居民环境行为之间有较强的正相关性（Hines et al.，1987；Scott，2009）。樊丽明和郭琪（2007）认为收入高的家庭虽然消耗更多的能源，但同时也很注重能效投资以实现节约能源。但也有研究表明，收入水平与环境行为是负相关关系（Grazhdani，2016）。王建明（2007）发现低收入者更倾向于实施循环型消费（使用）行为。Olli 等（2001）发现收入水平低的居民，其环境行为发生的可能性更低。

2. 性别。有研究发现女性比男性更会实施亲环境行为（Milfont and Sibley，2016；Casalo and Escario，2018）。Zhang 等（2017）发现女性大学生比男性更积极参与垃圾源头分类。但也有研究表明，男性比女性更加关心环境问题（Arcury and Christianson，1990；Bortoleto et al.，2012）。孙岩（2006）研究表明，男性在公民行为维度的环境行为中比女性更具倾向性。还有研究发现，性别在不同类别的亲环境行为中存在差异。Barr（2003）发现女性比男性更有可能进行废物预防行为，但在回收行为上不存在性别差异。龚文娟（2008）、Xiao 和 Hong（2018）研究表明，女性在私人领域环境友好行为多于男性，而在公共领域不存在性别差异。

3. 年龄。一些研究表明，年龄与居民亲环境行为具有负相关性（Singh，2009；Klineberg et al.，1998；Van Liere and Dunla，1980；Plaut，2005），但也有研究发现，年龄越大的消费者，其持有的绿色消费态度越积极（Shen and Saijo，2009；Gyberg and Plam，2009；Roberts，1996）。Gyberg 和 Plam（2009）发现，年长者更愿意通过采取各种节能措施来减少能耗。还有一些研究得出年龄与环境行为呈曲线相关。如：Franzen 和 Meyer（2010）发现年龄与环境关心呈倒"U"形关系，即相较于中年人，年轻人和老年人较少关心环境问题。Golob & Hensher（1998）研究表明，30 岁以下或 50 岁以上的出行者更愿意参与环境友好型出行行为。

4. 受教育水平。大多数研究表明，学历越高的个体越容易表现出更高程度的环境关心（Arcury et al, 1986；Scott and Willits, 1994；Alibeli and Johnson, 2009），学历越高的个体越倾向于实施亲环境行为（Jones and Dunlap, 1992；Newell and Green, 1997）。但也有一些研究发现，受教育水平与居民环境行为呈负相关。Sardianou（2007）研究表明，学历的提高并不能增加其亲环境的行为。Singh（2009）研究得出，学历高的人其社会责任消费者行为得分反而较低。芈凌云（2011）研究表明，偏低学历的群体无论是购买行为还是使用行为都比高学历群体表现得积极。还有研究认为受教育水平与居民环境行为无显著相关性（Gamba and Oskamp, 1994；Oskamp et al., 1991；Hopper and Nielson, 1991）。Whitmarsh（2009）发现受教育水平与节能行为的相关性并不显著。

5. 其他人口统计学变量。一些学者对影响居民环境行为的其他人口统计学因素进行了研究，如家庭结构（Poortinga et al., 2004；Aydinalp et al., 2004）、家庭规模（Lenzen et al., 2006；Ironmonger et al., 1995；孙岩，2013）、住宅类型（杨冉冉，2016）等。

（三）情境因素

情境变量对环境行为有重要影响，许多学者对影响居民环境行为的社会规范、宣传教育、信息反馈和政府政策进行了研究。

1. 社会规范。社会规范是指个体对于是否参与某特定的环境行为所感受到的社会压力，这种压力来源于显著人群对自己的期望以及显著人群的实际行为（Ajzen，1991）。已有研究证实，社会规范是影响亲环境行为的一个重要变量，社会规范与居民亲环境行为之间呈正向相关关系（Chen and Tung, 2014；Cristea et al., 2013；Smith and McSweeney, 2007）。王建明（2013）通过扎根理论得出，社会规范（政府表率因素、社会风气因素、群体压力因素和面子文化因素）对个体资源节约行为的意识和行为起到调节作用。

2. 宣传教育。有大量研究表明，宣传教育有助于居民亲环境行为的实施（Ouyang and Hokao, 2009；Bertrand et al., 2010；Ahmed et al., 2008；郭琪和樊丽明，2010；陈利顺，2009）。Curtis 等（1984）认为信息宣传对节能行为有正向影响，信息和信息有效利用途径的缺乏对节能行为有阻碍作用。虽然大部分学者对信息宣传对居民亲环境行为的影响取得了较为相似的积极结论，但也有学者认为宣传教育的作用是不确定的，如 Abrahamse 等（2005）认为，信息宣传并不一定导致行为的改变和能源的节约，奖励和信息反馈的作用更加显著。

3. 信息反馈。有研究表明，信息反馈对居民亲环境行为有积极影响（Chen et al.，2012；吴刚等，2011）。McCalley 和 Midden（2002）发现自我设定能源消费目标，并提供能源使用反馈信息可以促使消费者积极采用节能行为。Egmond 等（2005）研究表明，能源使用信息反馈会影响个体的节能行为，增加用能信息反馈有助于提升个体的节能行为实施率。Brandon 和 Lewis（1999）发现增加用能信息反馈可提高那些对环境行为持有积极态度个体的环境行为实施率。岳婷（2014）发现提高信息干预的力度和效度可以有效促进居民节能行为的实施，包含用能详细账单和节能建议的信息干预，能够激励居民通过各种方式节能。

4. 政府政策。现有政策对居民亲环境行为的研究主要集中在经济政策以及不同类型政策工具实施效果的比较。总结而言，主要体现在以下两个方面：

（1）经济政策对居民亲环境行为的影响研究。经济政策主要包括税收优惠、补贴、资金奖励、提高能源价格、征收能源税等，其中税收优惠、补贴、资金奖励属于正向激励政策，征收能源税和提高能源价格属于反向激励政策。在正向激励政策方面，大量研究表明，税收优惠或者政府补贴可以促进居民亲环境行为（Berkhout et al.，2004；Cameron，1985；周曙东等，2009；胡浩等，2008；郑军，2012；杨建州等，2009；彭新宇，2007）。但也有研究发现，税收作为一种激励手段，其作用远没有想象的有效（Egmond et al.，2005）。在反向激励政策方面，有研究表明，提高能源价格对居民节能行为有积极影响。如：伍亚和张立（2015）研究表明，阶梯电价政策的实施有助于改善居民的节能意愿，短期内节能效果明显，但随着时间推移节能效果会减弱。吴建宏（2013）、曾鸣等（2011）认为各个档次的电价价差越大，居民阶梯电价的节能减排效果越好。

（2）不同政策效果的比较研究。近年来，学者对不同类型政策影响居民亲环境行为的影响效果进行比较研究（Lindén et al.，2006；Steg，2008；Abrahamse et al.，2005），通过比较不同政策的实施效果寻求引导居民亲环境行为的有效政策组合。Lindén 等（2006）将政策工具分为四类：信息工具、经济工具、行政工具和物理工具，认为不同的政策工具在影响力和效果上存在差异。岳婷（2014）研究证实，不同类型外部政策因素对不同类型节能行为的作用方向和强度有所不同。芈凌云（2011）将政策工具分为自愿参与型政策工具、经济激励型政策工具和命令控制型政策工具，研究表明，自愿参与型政策工具对城市居民低碳化能源消费行为的正向加强作用是最显著的；然后是经济激励型政策工具；命令控制型政策工具的整体调节效应不如前两者，而且存在正向调节和负向调节两种作用。史海霞（2017）将政策工具划分为经济激励型政策、命令控制型政策和教育引导型政策，研究发现，单个 PM2.5 减排政策都能促进 PM2.5 减排意愿向实际行为的转化，但各个政策对 PM2.5 减排行为的促进效果有所差异，命令控制型政策相对来说效果最好，教育引导型政策次之，经济激励型政策最差。杨树（2015）发现信息政策感知有效性和补贴政策感知有效性对于城市居民新能源汽车购买意愿的影响略强于便利政策。徐林等（2017）研究得出经济激励政策对于居民垃圾分类水平的正向影响高于宣传教育政策。

二　居民"公""私"领域亲环境行为的研究

一些学者将环境行为划分为"公"领域环境行为与"私"领域环境行为（Hunter et al.，2004）；龚文娟，2008；滕玉华等，2021；王建华、钭露露，2021）。现有研究主要集中在以下三个方面：一是考察"公"领域环境行为与"私"领域环境行为的影响因素。一些研究表明，居民"公""私"领域环境行为影响因素存在差异。如王建华等（2020）研究发现，环境态度和个体责任意识对农村居民"公""私"领域亲环境行为的影响有差异，其中环境态度仅对农村居民的"公"领域亲环境行为产生影响，而个体责任意识只会影响农村居民的"私"领域亲环境行为。彭远春（2015）指出，全国环境问题严重性认知对城市居民"私"领域环境行为具有显著正向影响，但对城市居民"公"领域环境行为影响并不显著。王玉君和韩冬临（2016）研究表明，收入、教育、个人环保知识和环境污染感知对"私"领域的环境保护行为有促进作用，经济发展和环境污染交织作用对"公"领域环保行为有显著影响。卢少云和孙珠峰（2018）研究发现，非电视传媒对私人环保行为和公共环保行为均具有促进作用，而电视传媒能促进私人环保行为，但会阻碍公共环保行为。二是比较分析居民在"公"领域与"私"领域实施环境行为的意愿。如盛光华等（2020）研究发现，民众在"私"领域的亲环境行为意愿大于"公"领域的亲环境行为意愿。盛光华等（2021）认为，存在自然共情的个体和依存型自我建构的个体更容易在"私"领域实施亲环境行为。三是考察居民"公""私"领域亲环境行为一致性的影响因素。滕玉华等（2021）在将农村居民节能行为的一致性划分为"正向一致性"和"负向一致性"的基础上，发现农村居民"公""私"领域节能行为"正向一致性"和"负向一致性"的影响因素存在差异。

三　居民内源（主动）亲环境行为和外源（被动）亲环境行为的研究

一些学者从内部与外部动机的视角，将居民亲环境行为划分为两类：内源亲环境行为和外源亲环境行为，分别研究这两类亲环境行为的影响因素。如：芦慧等（2020）从内在动机和外在动机的视角，将居民亲环境行为划分为内源亲环境行为和外源亲环境行为，并分析不同类型的环保动机对居民的亲环境行为存在的差异，其中工具性环保动机对居民的外源亲环境行为具有正向影响，自利性环保动机对居民的内源亲环境行为具有正向影响。也有学者基于亲环境行为的主动与被动特征，在将亲环境行为分为主动亲环境行为和被动亲环境行为的基础上，比较分析这两类行为的影响因素。譬如，唐林等（2019）从行为动机出发，探究了农户主动参与和被动参与两种行为对农村环境治理的效果差异及产生差异的原因，研究发现农户受教育年限、行为认知和气候变化感知的差异是主动参与者和被动参与者行为效果存在差异的主要因素。

四　农村居民生活亲环境行为的研究

现有研究从不同的视角对农村居民生活亲环境行为进行了广泛深入研究，从研究内容来看，已有研究主要集中在以下五个方面。

（一）农村居民节能行为

农村居民节能行为的研究主要聚焦在分析农村居民节能行为的影响因素。李世财等（2020）研究发现，节能习惯、节能意愿、中国传统文化价值观、面子文化、描述性规范和命令控制型政策是农村居民住宅节能投资行为的重要影响因素。滕玉华等（2020）研究表明节能责任感、节能知识、能源削减意愿、节能习惯、用能信息获取难易程度、节能政策、节能经济动机能够促进农村居民的能源削减行为，而受教育年限、舒适偏好会阻碍农村居民的能源削减行为。汪兴东等（2017）通过分析社会心理因素对农村居民太阳能热水器采纳意愿的影响发现，感知有用性、政策支持对农村居民的采纳意愿具有正向作用，而经济成本对采纳意愿具有明显的抑制作用，且主观规范与感知行为控制能很好地预测农村居民的太阳能热水器采纳意愿。

（二）农村居民生活垃圾分类

现有农村居民生活垃圾分类的研究主要从个体层面和家庭层面展开。在个体层面，左孝凡等（2022）研究发现社会互动和互联网使用对农村居民生活垃圾分类具有正向影响。问锦尚等（2021）认为农村居民的垃圾分类态度、认知水平、垃圾处理状况满意度等主观因素，以及距离垃圾收集点的远近、是否及时清运收集点垃圾等外部条件对农村居民生活垃圾分类行为具有重要影响。潘明明（2020）指出环境新闻报道不仅能够直接促进农村居民的垃圾分类行为，还能通过增加农民社会舆论压力、塑造农民环保价值观以及提升农民环境风险感知水平间接影响农村居民的垃圾分类行为。在家庭层面，贾亚娟、赵敏娟（2020）认为农户环境关心水平、农村生活垃圾分类处理及资源化利用试点的推行能够促进农户实施垃圾分类行为，而农户的年龄会阻碍农户实施垃圾分类行为。贾亚娟（2021）研究表明社会资本、环境关心对农户垃圾分类偏好具有重要影响。刘余等（2021）发现信息干预有利于农村居民生活垃圾分类效果的改善。

（三）农村居民绿色消费

现有农村居民的绿色消费行为研究主要集中在低碳消费行为和生态消费行为。张蕾等（2015）认为农村居民低碳消费的行为态度、主观规范和行为控制认知能够促进农村居民实施低碳消费行为。贺爱忠和戴志利

（2009）研究发现农村消费者的年龄、环境关心程度和污染感知程度显著正向影响其生态消费行为。刘文兴等（2017）研究发现，农村居民的生态消费意识在转化为消费行为的过程中，会受到实施成本、参照规范、情景要素等外在因素的影响，从而导致了二者之间缺口的发生；农村居民的生活方式在生态消费意识到行为的转化过程中起阻碍作用，而社会文化及政府政策在二者的转化过程中则起着推进作用。

（四）农村居民清洁能源应用

仇焕广等（2015）发现家庭经济水平、劳动力价格、当地能源市场发育程度、家庭人口结构特征等因素对农村居民可再生能源消费影响显著。梁敏等（2021）通过对中国农村居民炊事能源消费研究发现，农村居民的主观和客观幸福感是推动农村居民进行绿色炊事能源消费选择的重要因素。王火根和李娜（2016）对江西省环鄱阳湖生态经济区农户的新能源技术应用行为研究发现，农户环境价值责任、新能源技术认知度、政策满意度和当地能源环境对农户新能源技术应用行为具有促进作用。董梅和徐璋勇（2017）研究发现，经济因素、农户低碳意识、政府推广以及邻居效应是农户太阳能热利用行为的重要影响因素；蔡亚庆等（2012）指出，沼气补贴政策、农户收入水平、家庭农业生产结构等因素都会显著影响农户对沼气池的使用情况。此外，还有学者基于意愿与行为的一致性分析农村居民的清洁能源应用行为。如刘长进等（2017）发现婚姻状况、家中有60岁以上老人、家庭年收入、感知的支持政策力度和社会规范对农村居民应用意愿与行为一致性具有促进作用。

（五）农村居民人居环境整治

农村人居环境整治的研究主要集中在两个方面：一是考察农村人居环境整治的影响因素。李芬妮等（2020）研究发现，外出务工对农户参与农村人居环境整治具有负向影响，而村庄认同对农村人居环境整治具有正向影响，且家庭总收入、对环保政策的了解程度以及住所周边垃圾集中处理设施也对农村人居环境整治具有重要作用。廖冰（2021）指出，农户人居环境整治付费认知、农户家庭生计资本既能直接影响农户人居环境整治付费行为，又能通过人居环境整治付费意愿间接影响人居环境整治付费行为。孙前路等（2020）研究表明，邻居参与积极性、保洁员监督、村庄人居环境改善能减少疾病传播等因素对人居环境整治参与行为的正向影响，且农户的文化程度、村民监督及政府宣传有利于农户参与意愿向参与行为转化。二是农村人居环境整治的效果。唐林等（2019）研究发现，主动参与和被动参与村域环境治理的效果存在差异，且受教育年限、行为认知和气候变化感知的差异是主动参与者和被动参与者行为效果存在差异的主要原因。李冬青等（2021）研究表明，发放改厕补贴、铺设配套公共排污管道、提供公共垃圾收集设施及其清洁服务、修建完备的公共污水设施、建立设施使用收费制度是强化农村人居环境整治效果的重要途径。孙慧波（2018）指出，在宏观层面，应采取"分类指导、因地制宜"的差异化供给策略；在微观层面，应该从农民视角出发，优先改善农民最需要的农村人居环境公共服务，先主后次，逐步优化农村人居环境，同时依据农民参与意愿，引导农民参与，提升农村人居环境公共服务的供给效果。

五 文献述评

综上所述，国内外学者基于不同的理论视角，围绕居民亲环境行为的相关变量进行了深入分析，取得了大量有价值的成果，为本书提供了坚实的理论基础，对探讨农村居民生活亲环境行为有着非常重要的借鉴意义。然而，综观现有的研究文献，我们发现存在以下几点不足。

（一）研究对象

现有关于农村居民亲环境行为的研究大多集中在农业生产领域，而对居民生活亲环境行为的研究又主要集中在城市居民，对于农村居民生活亲环境行为的研究比较缺乏。在国家建设生态文明、推进乡村振兴战略的背景下，尽管近年来有学者开始关注农村居民生活亲环境行为，但仅对农村居民生活亲环境行为中的某一种行为（如节能行为、垃圾处理、太阳能和沼气应用等）进行探讨，而鲜有研究深入刻画农村居民生活亲环境行为发生机制。因此，本书聚焦探究农村居民生活亲环境行为发生机制。

（二）研究内容

首先，农村居民"公"领域亲环境行为的发生机制还有待深入研究。农村居民是社会人，其行为会随着地点的变化而改变。根据农村居民生活亲环境行为实施地点的不同，可以将其亲环境行为分为"私"领域亲环境行为和"公"领域亲环境行为。目前关于农村居民生活亲环境行为的研究主要聚焦在"私"领域亲环境行为，考察农村居民"公"领域亲环境行为的文献较少，而引导农村居民在"私"领域和"公"领域都实施亲环境行为是改善农村人居环境的重要途径，因此，有必要探究农村居民"公"领域亲环境行为的发生机制。其次，农村居民生活垃圾分类行为习惯养成值得深入分析。农村居民在生活中可能是主动实施亲环境行为，也可能是被动实施亲环境行为。引导农村居民主动实施亲环境行为才是建设美丽乡村的关键。尽管学者从不同的视角分析了农村居民生活亲环境行为的影响因素，但鲜见考察农村居民自愿亲环境行为发生机理的文献，而洞悉并把握自愿亲环境行为发生机制，可为有效引导农村居民在生活中自愿实施亲环境行为、推动生态宜居美丽乡村建设提供理论和实证支持。最后，引导政策对农村居民生活亲环境行为的影响需要进一步深化。现有研究主要集中在探讨单项引导政策、实施效果以及不同政策工具实施效果的比较，而从组态（前因条件组合简称"组态"）视角，探究农村居民生活亲环境行为发生引导政策实现路径的文献鲜见。而挖掘农村居民生活亲环境行为发生引导政策的实现路径，可以为政府科学完善引导政策设计和实施提供决策参考。

（三）研究方法

农村居民生活亲环境行为是多种因素共同作用的结果。虽然现有研究基于自变量相互独立、单向线性关系和因果对称性的统计技术，其在控制其他因素的情况下，分析单一因素对农村居民生活亲环境行为影响的"净效应"。但并不能解释影响因素相互依赖及其构成的组态如何影响农村居民生活亲环境行为这一复杂的因果关系。而定性比较分析（Qualitative Comparative Analysis，QCA）能够回答"条件的哪些组态可以导致期望的结果出现"。为此，本书拟运用模糊集定性比较分析，研究哪些条件组态以"殊途同归"的方式驱动农村居民"公"领域亲环境行为发生，考察哪些条件组态促使农村居民自愿亲环境行为发生。

第三节 核心概念界定

一 农村居民生活亲环境行为

目前关于亲环境行为的概念，国内外学者还没有统一的结论，不同的学者有着不同的理解。Stern（2000）认为亲环境行为是能够对提高物质或能源的可用性产生积极影响以及能够积极地改变生态系统或生物圈结构和动力的行为。Scannell 和 Gifford（2010）将亲环境行为定义为能够减少环境危害和改善环境条件的行为。Khashe 等（2015）将个人参与绿色活动促进可持续发展的行为以及减少或消除对环境负面影响的做法称为亲环境行为。Lee 等（2015）认为亲环境行为是指实际对环境保护做出贡献或被认为能够对环境保护做出贡献的行为。武春友和孙岩（2006）将亲环境行为称作环境友好行为，认为凡是能够加强生态治理或主动保护环境的行为均可视为环境友好行为。王建明和王丛丛（2015）认为亲环境行为是指消费者在日常生活实践中所表现出来的对环境产生积极作用并与环境直接相关的友好行为。借鉴上述研究对亲环境行为的定义，本书将"农村居民生活亲环境行为"界定为："农村居民在生活中使自身活动对生态环境的负面影响尽量降低的行为。"

二 农村居民"私"领域亲环境行为与"公"领域亲环境行为

关于亲环境行为的种类，许多学者给出了不同的界定。学者根据需要划分了环境行为的结构（Sia and Hungerford，1970；Smith – Sebasto and D'costa，1995；孙岩，2006；Lee et al.，2013），但还未形成统一的结构模式。有部分学者将环境行为划分为"私"领域环境行为与"公"领域环境行为。如：Hunter 等（2004）将环境行为分为两个维度："私"领域环境行为和"公"领域环境行为。彭远春（2013）认为环境行为可划分为"私"域亲环境行为和"公"域亲环境行为。根据农村居民亲环境行为实施地点的不同，本书将"农村居民生活亲环境行为"划分为两类："私"领域亲环境行为和"公"领域亲环境行为，前者是指居民在日常生活中直接或间接实施的亲环境行为，后者是指居民在工作场所或公共场所实施的亲环境行为。

三 农村居民生活自愿亲环境行为

居民可能主动实施亲环境行为，也可能是被动实施亲环境行为。一些学者从行为动机的角度，将居民亲环境行为进行分类（Lu et al.，2020；

Chen et al. ，2017；陈飞宇，2018）。如：芦慧等（2020）从内在动机和外在动机的视角，将居民亲环境行为划分为内源亲环境行为和外源亲环境行为，前者是指个体受到内在动机的驱动，出于自愿、自觉或积极响应主流价值观等目的而主动实施亲环境行为；后者是指个体基于外在动机的驱动，出于规章制度的要求、群体压力、他人评价等目的而实施亲环境行为。借鉴芦慧等（2020）的研究，本书将"农村居民生活自愿亲环境行为"界定为"农村居民受到内在动机的驱动，出于自愿、自觉或积极响应主流价值观等目的而主动实施亲环境行为"。

第四节　研究内容与技术路线

一　研究内容

根据本书的研究目的，首先，以环境行为学、社会心理学、经济学和管理学理论为基础，探究农村居民生活亲环境行为发生机理，挖掘农村居民生活亲环境行为发生引导政策的实现路径，根据研究结论，提出有效引导农村居民在生活中实施亲环境行为的政策建议。本书研究内容共分为十三章，具体章节安排如下：

第一章为导论。介绍本书的研究背景、研究意义、文献综述、核心概念界定、研究内容与技术路线，并指出本书的研究方法与创新之处。

第二章是农村居民生活亲环境行为理论基础。介绍环境行为的相关理论。

第三章是政策工具对农村居民"公""私"领域节能行为的影响研究。基于"刺激—心理—反应"理论和自我决定理论，构建一个以外部动机和内部动机为中介变量的链式中介模型，采用江西省农村居民调研数据，考察不同类型政策工具（经济激励型政策、自愿参与型政策、命令控制型政策）对农村居民"公""私"领域节能行为的影响机制。

第四章是农村居民"公""私"领域节能行为一致性研究。采用江西省农村居民调查数据，运用二元 logit 回归模型和 ISM 模型，将农村居民"公""私"领域节能行为分为"正向一致"和"负向一致"，基于"刺激—反应—行为"理论，研究农村居民"公""私"领域节能行为一致性的影响因素及其层次结构。

第五章是节能意识对农村居民"公"领域节能行为的影响研究。利用江西省农村居民的调研数据，研究节能意识对农村居民"公"领域节能行为的影响，考察政府政策在农村居民节能意识对"公"领域节能行为影响中的调节作用。

第六章是心理因素联动对农村居民"公"领域节能行为的影响研究。采用模糊集定性比较分析（fsQCA）方法，研究心理因素联动对农村居民"公"领域节能行为的影响。

第七章是代际传承对农村居民生活自愿亲环境行为的影响研究。采用国家生态文明试验区（江西）593个农村居民的调查数据，分析生态价值观在代际传承对农村居民生活自愿亲环境行为影响中的中介效应，孝道态度是正确的孝道在代际传承与农村居民生活自愿亲环境行为之间的调节效应。

第八章是面子观念对农村居民生活自愿亲环境行为的影响研究。采用国家生态文明试验区（江西）593个农村居民的调查数据，分析面子观念对农村居民生活自愿亲环境行为的影响，感知生态价值和感知社会价值在面子观念与农村居民生活亲环境行为之间的中介作用。

第九章是情感支持、人际信任对农村居民生活自愿亲环境行为的影响研究。利用国家生态文明试验区（江西）农村居民调研数据，考察人际信任在情感支持对农村居民生活自愿亲环境行为影响的过程中起中介作用，政策工具（经济型政策和命令型政策）在人际信任对农村居民生活自愿亲环境行为影响中的调节作用。

第十章是规范激活理论视角下农村居民自愿亲环境行为发生机制研究。在规范激活理论的基础上，引入"生态价值观"和"环境情感"以构建农村居民自愿亲环境行为理论模型，采用国家生态文明试验区江西省的农村居民调查数据，探究后果意识、责任归属、生态价值观、积极情感、消极情感和个人规范对农村居民自愿亲环境行为的影响。

第十一章是农村居民生活自愿亲环境行为的影响因素及其层级结构研究。基于"刺激—反应—行为"理论，采用国家生态文明试验区（江西）593个农村居民的实地调研数据，运用回归分析法和解释结构模型探讨农村居民生活自愿亲环境行为的影响因素及各影响因素间的层次结构。

第十二章是农村居民生活自愿亲环境行为发生组态路径研究。基于国家生态文明试验区（江西）593 个农村居民的调查数据，从生产与生活环境政策交互的视角，采用模糊集定性比较分析（fsQCA）方法，探索生态环境政策影响农村居民生活自愿亲环境行为的组态效应以及不同生态环境政策之间的联动匹配关系。

第十三章是农村居民生活亲环境行为引导政策设计。

二 研究方法

本书以环境行为理论为基础，运用访谈法、问卷调查、结构方程模型、解释结构模型、计量经济学和定性比较分析等方法，研究农村居民生活亲环境行为的发生机制，探究农村居民生活亲环境行为引导政策的实现路径。采用的主要研究方法有：

（一）农村居民访谈法

访谈法是为深入、系统地取得第一手资料而进行的研究性交流，由研究者根据研究内容确立双方对话的主题，并在访谈中发掘受访者提出的与本书主题密切相关的议题。本书通过对农村居民的开放式深度访谈，收集农村居民在"公"领域实施节能行为的影响因素、农村居民在生活中自愿实施亲环境行为的动因、障碍以及政府政策对其行为的影响等方面的第一手资料，这为实证分析中的变量操作化和测量指标的开发提供信息基础。

（二）问卷调查

在对已有问卷进行开发的基础上，利用问卷调查的方法，通过随机抽样对样本进行调查问卷填写，来获取第一手数据。问卷调查包括预调查和正式调查两个阶段。预调查阶段主要是通过问卷调查的数据对初始测量量表进行信度和效度检验，正式调查是将优化后的正式问卷进行大范围的调研。本书对国家生态文明试验区（江西）农村居民开展调研，这为研究展开奠定坚实的原始数据与素材基础。

（三）结构方程模型

结构方程模型是基于路径分析思想提出的一种统计方法，并根据变量之间的协方差矩阵来处理潜变量和观测变量以及潜变量之间的结构关系。

该模型可以同时处理多个因变量，允许自变量和因变量含有测量误差，此外，结构方程对测量模型的进一步放宽可以处理变量之间复杂的线性关系。因此，本书采用结构方程模型，研究政策工具对农村居民"公""私"领域节能行为的影响。

（四）解释结构模型

在文献研读的基础上，提取农村居民亲环境行为的影响因素，然后以问卷的形式请专家甄别农村居民亲环境行为的影响因素，给出因素之间的关联矩阵，利用 MATLAB 软件编程计算可达矩阵、骨架矩阵和分解结构矩阵，最后绘制出多级递阶有向图，找出农村居民亲环境行为的表层因素、中间层因素和深层次影响因素。本书采用解释结构模型，研究农村居民生活自愿亲环境行为各影响因素之间的相互关系与层次结构。

（五）计量经济学

采用农村居民调研数据，借助 Stata15.0 软件，运用二元 logit 回归模型研究农村居民"公""私"领域节能行为一致性；采用回归分析考察农村居民"公""私"领域节能行为的影响因素；采用中介效应模型和调节效应模型研究代际传承对农村居民生活自愿亲环境行为的影响；利用中介效应模型分析面子观念对农村居民生活自愿亲环境行为的影响；运用有调节的中介效应模型探讨情感支持、人际信任对农村居民生活自愿亲环境行为的影响。

（六）定性比较分析

本书立足组态视角，通过识别导致相同结果的不同情境因素的因果路径，来实现"多重并发因果关系"的评估，使用模糊集定性比较分析法（fsQCA）探究心理因素联动对农村居民"公"领域节能行为的影响研究；探讨农村居民生活自愿亲环境行为发生的组态路径。

三 技术路线
本书技术路线如图 1 - 1 所示。

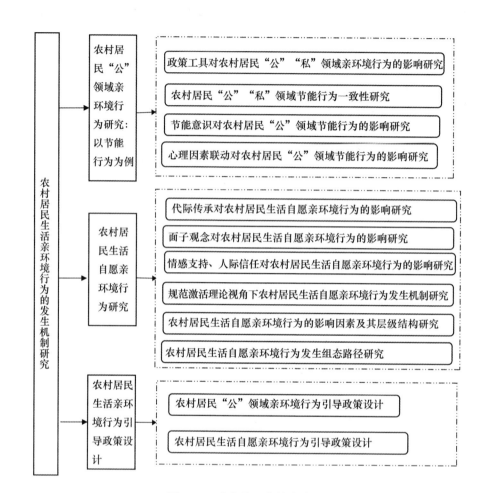

图 1-1　本书的研究技术路线

第 二 章

农村居民生活亲环境行为理论基础

根据农村居民亲环境行为实施地点的不同，本书将亲环境行为分为"私"领域亲环境行为和"公"领域亲环境行为，以节能行为为例，研究农村居民"公"领域亲环境行为发生机制。基于亲环境行为的主动和被动特征，将亲环境行为分为内源（自愿）亲环境行为和外源（被迫）亲环境行为。从行为主动的视角，探究农村居民自愿亲环境行为发生机制，将居民亲环境行为的研究深化到自愿层面，拓展了居民环境行为研究的层次。

第一节 农村居民"公"领域亲环境行为的主要理论基础

一 计划行为理论

Ajzen（1991）提出的计划行为理论认为，个体行为主要受态度、主观规范和感知行为控制的影响。个体意志控制的行为受其行为意向的影响，而个体态度、主观规范和感知行为控制是影响行为意向的重要因素。通常而言，如果个体对某项行为的态度越积极、所感受到外部规范的压力越大、对该行为的感知控制越多，则个体采取该行为的意向越强。此外，对于不能完全由个体意志控制的行为而言，其不仅受行为意向的影响，还受时间、技能等外部因素的影响。

二 价值观—信念—规范理论

Stern（1999）提出了价值观—信念—规范理论（VBN 理论），2000

年又对该理论进行了完善。该理论认为不同的价值观会形成不同的新生态范式，从而通过信念、个人规范等心理变量影响行为。VBN 理论将人的价值观划分为生态价值观、利己价值观和利他价值观三个维度，不同的价值观启发不同的生态范式，并使得个体认知到自我行为产生的后果，归因环境责任，从而产生环境责任感，实施积极的环境行为。该理论首次明确了环境价值观的类型和作用，为亲环境行为的相关研究提供了新思路、开辟了新视野。

三　态度—情境—行为理论

Guagnano 等（1995）提出的态度—情境—行为理论（ABC 理论）认为，环境行为是个体内在态度因素和外部情境因素相互作用的结果，且情境因素在环境态度对环境行为的影响中起调节作用。当行为个体持有积极的环境态度，并且外部环境也有利时，个体就会产生积极的环境行为；反之，当行为个体持有消极的环境态度，且外部条件也不利时，个体就会产生消极的环境行为。ABC 理论的贡献在于提出环境行为是态度和外部环境共同作用的结果，强调外部条件对行为影响的重要性。此外，有学者将该理论运用到农村居民"公""私"领域的亲环境行为研究中（王建华等，2020），这为亲环境行为的研究提供了一个新视角。

四　负责任的环境行为模型

Hines 等学者（1987）提出了一个负责任的环境行为模型，认为行动技能、行动策略知识、环境问题知识和个性变量可通过环境行为意愿间接影响环境行为。个体认识到环境问题的存在是行为实施的先决因素，行为主体的行为实施技能以及将已掌握的知识和技能转化为相关行为的策略知识也是行为实施的决定因素；但具备了问题意识和行为知识后，还要求个体具有内在的环境态度、控制观和责任感，这些因素综合作用于行为主体，使其产生一定的行为意愿，从而决定意愿是否转化为行为。诸多学者用负责任的环境行为模型来解释居民的亲环境行为（芈凌云，2011；岳婷，2014；杨冉冉，2016）。

五 规范激活理论

Schwartz（1977）提出的规范激活理论认为，个体实施行为的动力来源于内在道德义务感，即个人规范，后果意识不仅可以直接激活个人规范，还可以通过责任归属激活个人规范。规范激活理论包含三个关键变量，分别是个人规范、结果意识和责任归属。其中，个人规范是指个体在决定是否去实施某一亲社会行为（亲环境行为）时其内心对于这一行为所产生的道德义务感（郭清卉等，2019），即其内心对于是否应该实施这一亲社会行为（亲环境行为）的评判和标准（Chua et al.，2016；Schultz et al.，2014）。结果意识是指个体对于没有实施某一亲社会行为（亲环境行为）而给周围其他的人、事、物以及整个社会和自然环境等带来的消极影响的意识感知（Park and Ha，2014）。责任归属是指个体对于没有实施某一亲社会行为（亲环境行为）而给周围其他的人、事、物以及整个社会和自然环境等带来的消极影响所应承担的责任感知（Udo et al.，2016）。当个人意识到行为的结果（结果意识），并且将这种结果的责任归属于自己（责任归属）的时候，个人的道德义务感就越容易被激活，个体会体验到强烈的道德义务感从而去开展环境责任行为。

六 人际行为理论

Triandis（1977）提出的人际行为理论认为意向是个体行为发生的前提，且意向由态度、社会因素和情感共同作用而形成。此外，人际行为理论还认为习惯也是个体行为发生的重要因素，习惯越强，个体对某种行为的思考就越少，实施该行为的可能性就越大。该理论综合考虑了行为发生的内外部因素，对于个体日常化和习惯化的环境行为具有强有力的解释力。

七 规范焦点理论

美国心理学家 Cialdini 等（1990）提出的规范焦点理论（A Focus Theory of Normative Conduct）认为，根据社会规范对个体行为干预路径的不同，可以将社会规范划分为描述性规范和命令性规范。其中描述性规范是指由多数社会成员所遵循而形成的行为准则，如从众行为；命令性规范是由多数社会成员支持或赞许所形成的行为准则，如为避免惩罚所实施的行为。特别是规范焦点理论认为社会规范对个人行为影响的前提是该规范须是个人关注的焦点，如果社会规范未能引起人们注意，则其对行为的影响将被忽视。该理论为环境行为的政策引导和管制提供了一定的启示作用。

八 刺激—反应理论

行为心理学家沃森（Watson，1919）提出的刺激—反应理论（S—R理论）认为主体的行为是受到外界环境的刺激而做出的反应。他认为人类的复杂行为可以被分解为身体内外部的刺激以及反应两部分，人的心理过程是"黑箱"，是刺激与反应的客观联结，人的行为是受到刺激的反应。目前该理论被广泛应用于网络购物、旅游消费的研究中，也有学者将该理论应用于研究环境行为（唐林等，2019；唐林等，2021；李文欢等，2021）。Mehrabian 和 Russell 在环境心理学的基础上提出了由环境刺激、人的内在机体状态和行为反应三部分构成的刺激—机体—反应理论（S—O—R 理论），该理论认为外部环境刺激（S）能够引起人们机体（O）在情绪和认知上的变化，进而影响人们的行为反应（R），主要包括接近和回避两种反应。由此可见，S—R 理论与 S—O—R 理论的区别在于后者更加强调个体情感因素的重要性，认为个人内部情感因素是连接外界刺激和行为反应的中间变量。

第二节 农村居民生活自愿亲环境行为的主要理论基础

一 社会学习理论

Bandura（1977）提出的社会学习理论认为，人的行为是个性和环境因素不断相互影响决定的，观察学习、榜样作用和自我调节等因素对人的个性和行为具有重要作用。社会学习过程有两种类型，即观察学习和强化学习（Bandura，1978）。其中，观察学习是指个体通过与他人的直接或间接的社会互动来观察他人的行为并进行学习（Cheung et al.，2015）。强化学习，也被称为体验式学习，是指个体从自己的经验中学习或者通过同伴的推荐进而增强个体的强化学习过程。该理论为如何在群体环境中引导个体实施亲环境行为提供了思路和理论基础。

二　代际传承理论

迈克·亚当（1992）提出的代际传承理论（generativity theory）指出人类的传承行为不仅包括生物意义上的亲自传承，还包括知识和文化由年长一代转移到年轻一代的传承。此外，传承的动机源对个体产生的传承行为具有促进作用。代际传承理论是代际社会学理论和传承理论的融合与拓展。从发展脉络看，其贯穿社会学、人类学、心理学、经济学发展的全过程。已有学者将代际传承理论引入亲环境行为的研究中，分析了代际传递对绿色消费行为的影响（青平，2016；龚思羽等，2020）。

三　印象管理理论

印象管理理论是由美国社会心理学家 Erving Goffman（1959）提出的，该理论认为个体具有维持并提升自我形象、管理他人对自我印象的需要，当个体认为履行某种行为能够提高他人对自己的印象认知时，其更有可能履行该行为（Bolino，1999）。印象管理指的是个人在进行人际交往互动时，会通过语言信息或非语言信息等不同的呈现形式来操纵、控制或引导自己在别人心目中的好印象或有利归因的过程，这不仅需要考量行为人对社会情境的互动和被动适应，还需要考虑行为人的主动调节（王晓婧，2015）。自1980年以来，印象管理逐渐受到了学术界的广泛关注，并被引入了不同的学科领域开展研究，也有不少学者运用印象管理理论分析了个体的环境行为（熊小明等，2015；于春玲等，2019）。

四　调节匹配理论

Higgins（2000）在调节定向理论的基础上提出了旨在解释个体的调节定向与其目标追求的行为方式关系的调节匹配理论。调节匹配理论认为，当不同调节定向的个体在目标追求过程中分别使用各自所偏好的行为方式时，就达成了调节定向与行为方式之间的匹配。此外，这种匹配还会产生一种价值，即当匹配达成时，个体对其当前的行为会产生一种"正确感"体验，进而增强个体的动机强度，从而提高个体的任务绩效和情绪体验强度，并对其心理与行为产生作用。

五　感知价值理论

感知价值理论最早由 Zeithaml（1988）提出，主要应用于产品营销领域。该理论认为顾客的感知价值建立在个体体验的基础上，是顾客在市场交易中根据付出成本和所得利益进行主观权衡和比较后对产品或服务效用的主观评价（吴璟，2021）。感知价值的含义主要包括：低廉的价格、顾客从产品中所获取的东西、顾客付出价格买回的东西以及顾客全部付出得到的全部收益。学者在不同的领域从不同的研究角度，对感知价值进行了不同的维度划分（Sheth et al.，1991；Sweeney et al.，2001）。而在农村环境相关的研究中，何可（2016）将感知价值划分为感知经济价值、感知生态价值和感知社会价值。

六　社会支持理论

社会支持理论源于 20 世纪 70 年代社会心理学和健康卫生等的研究中，该理论认为个体在群体中感知到关心、理解、回应与帮助时，个体会更多地感知到幸福感与温暖，从而提升个体的心理需要满足水平。社会支持包括社会和支持两部分，社会反映了个人与社会环境的联系，主要包括社会环境、社会网络和亲密与信任的关系三个方面。支持反映了个人能够接触和感知的表达性、工具性等方面需求的帮助，其中，表达性支持包括分享情感、肯定个体的价值感和尊严感、提供建议和指导，工具性的支持包括来自父母的物质和财政援助、政府援助。总体来说，社会支持既包括金钱、信息、物质、服务等有形援助，也包括心理、情感上的无形支持，比如共情、关心、鼓励、理解、尊重、放松等（宋佳萌、范会勇，2013）。在亲环境行为中，个体实施亲环境行为不仅需要来自外界的知识、建议与指导等信息支持，也需要来自周围群体的关注、理解等情感支持（盛光华、林政男，2019）。

七　社会资本理论

社会资本理论认为人们通过目的性行为获取或支配嵌入社会结构中的资源，行动者受物质性、情感性等需求的驱动，与社会网络中的其他主体进行互动，以期获取所需的资源与结果，比如金钱、声誉、权利、信息、身心健康、认知与情感的平衡、满意的生活状态等（Lin，1999）。社会资本的概念最早由布尔迪厄提出，他认为社会资本是"实际的或潜在的资源的复合体，那些资源是同对某种持久性的网络的占有密不可分的，这一网络是大家共同熟悉的、得到公认的，而且是一种体制化的网络"。在不同的层面，社会资本理论的研究内容也不同（郗玉娟，2020）。在宏观层面，其主要关注外在环境对社会资本的影响以及社会资本在政治环境和政治体系中的嵌入模式；在中观层面，社会资本理论主要探究网络资源流动的方式和社会资本网络的结构化程度等；而在微观层面，主要研究个体行为在社会网络中调动资源的能力及其展现出的结果。亲环境行为是个体使自身活动对生态环境的负面影响尽量降低的行为，社会资本理论在微观层面强调个体行为在社会网络中调动资源的能力及其展现出的结果能够为农村居民生活自愿亲环境行为的研究提供一个新视角。

八　社会交换理论

美国学者 Homans 提出的社会交换理论认为，人与人之间的社会关系是行动者之间的资源交换关系，社会互动的实质是人们交换酬赏（指个人在与他人的交往中所得到的收获，包括金钱、社会赞同、尊重和服从等）和惩罚的过程。人与人之间的各种互动，从根本上说是一种交换关系所决定的交换过程，个人利益是人们相互交往背后的普遍动机。当一方提供了某种利益，如果利益接受方进行了积极的回馈，双方的关系会呈现出积极的走向，例如彼此会收获更多的信任和尊敬；反之，如果利益接受方没有进行回馈，这往往会引发付出方的惩罚或制裁。总之，社会行为是交换过程的产物，而交换的目的就是实现成本最小化和利益最大化。亲环境行为中也存在交换关系，如人与人之间的物质交换、情感传递、尊重、认同、理解、支持与帮助等。

九　卢因行为模型

美国社会心理学家库尔特·卢因提出的卢因行为模型认为，个体的行为方式和强度主要受个人内在因素和外部环境因素影响和制约。卢因行为模型是指 B = F (P，E)，其中，B（behavior）代表个人的行为；P（personal）是指个人内在的各种生理和心理因素，如生理特征、能力、知识、认知等；E（environment）表示个人所处的外部环境，包括构成环境的各种因素，如自然环境、社会环境、制度环境等。该模型指出个体行为是个体与环境相互作用的产物，这在一定程度上揭示了个体行为的一般规律，具有高度概括性和广泛适用性，也有学者将其应用于亲环境行为的研究（王建明，2013；张郁，2016；王瑛等，2020）。

十　目标激活理论

目标激活理论源于目标理论，该理论认为设定特定目标会激励个体采取与其目标一致的行为。特别是目标的强度或可及性会被某些情境线索所激活，然而目标激活是一个无意识的隐性运行过程，因此可以通过强化特定目标的认知可及性进而提高个体对目标及其相关信息的注意力（凌卯亮，2020），从而达到激活目标的目的。在环境行为中，目标激活理论认为践行初始环保行为对个体的环保目标具有激活作用，从而有利于个体在其他领域实施环保行为（Thøgersen，2012；Thøgersen and Crompton，2009；Thøgersen and Noblet，2012）。

十一　"前置—进行"模型

Green 和 Kreuter（1999）提出的前置—进行理论认为，个体行为的影响因素包括前置变量和进行变量。前置变量包括前倾要素、促成要素和强化要素。其中前倾要素是指行为发生的前提条件，包括态度、信念和价值观等；促成要素是指行为发生的基础条件，包括各种技能和资源等；强化要素是个体行为发生的后继决定要素，它既可以增强个体特定行为的发生和实施，也可以减弱个体特定行为的发生和实施。

第二篇

农村居民"公"领域亲环境行为研究：以节能行为为例

农村居民生活亲环境行为包括节能行为、垃圾分类行为、节水行为、清洁能源应用等行为。根据农村居民亲环境行为实施地点的不同，将亲环境行为分为"私"领域亲环境行为和"公"领域亲环境行为。本篇以节能行为为例，研究农村居民"公"领域亲环境行为的发生机制。

第 三 章

政策工具对农村居民"公""私"领域
节能行为的影响研究

第一节 引言

引导农村居民在家中和公共场所中节能对于推进我国节能减排工作至关重要。农村居民是社会人,其行为会随空间的变化而改变,根据农村居民节能行为发生的空间不同,可以将其分为"公"领域节能行为和"私"领域节能行为。已有研究发现,居民同一环境行为在不同的空间中存在差异,因此,农村居民"公"领域节能行为和"私"领域节能行为的作用机制也可能不同。为了促进农村居民节能,政府相继出台《关于开展"节能产品惠民工程"的通知》《公众节能行为指南》等一系列政策措施。根据政策工具的不同,可以将其划分为经济激励型政策工具、命令控制型政策工具和自愿参与型政策工具。相关研究表明,不同类别的政策工具对居民节能行为的影响存在差异。理论上,农村居民行为是内外部因素共同作用的结果,其行为决策不仅会受到外部政策刺激的影响,还取决于心理因素。在影响农村居民行为决策的心理因素中,动机是影响行为的重要心理因素,个体行为动机可以划分为外部和内部两种,不同类型动机对个体行为的影响也会不同。那么,政策工具、节能动机是如何影响农村居民"公""私"领域节能行为的?其内在的作用机制又是怎样的?探讨上述问题对于扩展政策工具对农村居民节能行为的影响机制研究、促进农村地区生态文明建设具有重要意义。

目前,关于环境行为的研究主要从四方面进行:一是依据行为的表现形式、行为发生的内容、行为的激进程度等对居民环境行为进行分类，还有学者基于行为的发生领域将环境行为分为"私"领域环境行为、"公"领域环境行为两类。二是研究心理因素对居民节能行为的影响，如杨君茹等（2018）研究发现知觉行为控制和节能意愿正向影响城市居民削减型节能行为，用能习惯负向影响城市居民削减型节能行为。滕玉华等（2020）研究得出节能责任感和节能知识对农村居民能源削减行为有显著的正向影响。三是探讨不同类型政策工具对居民某一特定类型节能行为的影响，如滕玉华（2020）研究表明，经济激励型政策、自愿参与型政策和命令控制型政策对农村居民住宅节能投资行为均有显著正向影响，其中，自愿参与型政策影响力度最大，其次是命令控制型政策，经济激励型政策的作用最小。四是农村居民生产亲环境行为的研究。已有研究主要关注农户生态耕种、耕地质量保护等方面。

上述研究为本书奠定了坚实的基础，但仍存在一定的拓展空间：第一，现有研究主要围绕同一领域的某种环境行为展开，然而居民同一环境行为在不同领域中存在差异，研究居民同一环境行为在不同领域中的差别的文献比较少，探讨居民同一节能行为在"公""私"领域差异的研究鲜为少有。第二，已有研究考察了心理因素对居民节能行为的影响，多集中于节能习惯、感知行为控制和节能情感等因素，研究较少涉及节能动机对居民不同类型节能行为的影响，比较内外动机对居民不同类型节能行为的影响研究更是鲜见。第三，已有研究虽然比较了不同类型政策工具对居民某种节能行为的影响差异，但分析不同类型政策工具对居民同一节能行为在"公""私"领域作用机制的研究还很缺乏。为此，本书基于"刺激—心理—反应"理论和自我决定理论，构建一个以外部动机和内部动机为中介变量的链式中介模型，采用江西省602个农村居民调研数据，研究不同政策工具对农村居民"公""私"领域节能行为的影响，以期为完善居民节能政策提供决策参考。

第二节 研究设计与研究方法

一 理论分析框架

"刺激—心理—反应"模型提出，当个体在外部环境刺激下，会产生不同的心理状态，进而做出某种行为决策。在环境行为研究领域，"刺激—心理—反应"模型已得到广泛应用。例如，李献士（2016）将政策工具作为外部刺激，将顺从、环境责任感和认同作为个体内在心理状态，将消费者环境行为作为个体行为反应，探究了政策工具影响消费者环境行为的内在机制。基于"刺激—心理—反应"理论，农村居民"公""私"领域节能行为会受到政府政策和心理因素的影响。课题组通过对农村居民进行深度访谈发现，政府节能政策会明显诱发农村居民的节能动机，进而影响其节能行为决策。一些研究证实，政策工具和个体动机都是个体行为的重要影响因素，且对不同类型环境行为的影响存在差异。基于此，本书将农村居民节能行为视作一个"外部环境因素—动机—农村居民节能行为"的过程。此外，自我决定理论认为外部动机能够转化为内部动机，已有研究表明外部动机可以向内部动机转化。因此，本书在"刺激—心理—反应"框架的基础上，进一步考察外部动机向内部动机转化的过程。

二　研究假设

1. 节能动机对政策工具与农村居民"公""私"领域节能行为的中介作用

根据"刺激—心理—反应"理论，个体的心理状态会受到外部环境因素的刺激。政策干预工具属于外部环境因素，其必然会对农村居民的心理产生一定程度的影响。在影响个体行为的心理因素中，动机是影响行为的重要心理因素，其产生与外部环境的刺激联系紧密。相关文献将个体行为动机分为外部动机和内部动机，外部动机和内部动机产生的来源并不一致。因此，政策工具对不同的动机作用方向可能存在差异，已有研究证实了这一点。如郭琪（2007）认为对于具有社会利益的行为，自愿参与政策和强制执行政策能够增强行为主体的外部动机。Deci 和 Ryan（1999）研究得出激励政策会削弱内部动机的水平。因此，本书认为节能政策工具（经济激励型政策、自愿参与型政策和命令控制型政策）会对农村居民的外部、内部节能动机产生影响。

H1a：经济激励型政策对农村居民外部节能动机有影响。

H1b：经济激励型政策对农村居民内部节能动机有影响。

H1c：自愿参与型政策对农村居民外部节能动机有影响。

H1d：自愿参与型政策对农村居民内部节能动机有影响。

H1e：命令控制型政策对农村居民外部节能动机有影响。

H1f：命令控制型政策对农村居民内部节能动机有影响。

动机是推动个体实施某种行为，使其朝一个方向前进的内驱力。本书将动机定义为农村居民实施节能行为的驱动力，其中包含了农村居民外部节能动机和农村居民内部节能动机。在不同的动机驱使下，居民不同情境下的环境行为会存在较大差异。经济收益是农村居民实施节能行为的外部诱因的重要表现形式，理性的农村居民的行为决策会追求生活成本的降低，当节约能源能够降低生活用能成本时，农村居民实施节能行为的可能性就较强，而当节能并不能带来直接的经济收益时，农村居民就可能不会实施节能行为。宜居的生态环境则是农村居民一项重要内在需求，当农村居民意识到浪费能源既会污染环境，又会造成能源危机，而节约能源则能避免这些问题时，农村居民就更可能自愿地实施节能行为。现有研究也表明，不同类型的个体动机会影响个体的环境行为决策。如：芦慧等（2020）发现工具性环保动机会正向影响居民外源亲环境行为。郭豪杰等（2021）指出外部、内部动机对农户亲环境行为都有积极影响。基于以上分析，本书认为节能动机（外部节能动机、内部节能动机）是影响农村居民实施节能行为的重要因素，进而提出假设：

H2a：外部节能动机对农村居民节能行为"私"领域节能行为有影响。

H2b：外部节能动机对农村居民节能行为"公"领域节能行为有影响。

H2c：内部节能动机对农村居民节能行为"私"领域节能行为有影响。

H2d：内部节能动机对农村居民节能行为"公"领域节能行为有影响。

结合假设 H1a—假设 H2d"刺激—心理—反应"理论，本书认为经济激励型政策、自愿参与型政策和命令控制型政策作为外部环境刺激，使农村居民产生了获得经济效益或是保护环境的动机，在这些动机的驱使下，农村居民会做出相应的节约能源的决策，然后在不同空间中实施节能行为。也就是说，三类不同的政策由于强化或者削弱了农村居民的内外部节能动机进而对其不同领域的节能行为产生影响。因此，本书提出假设：

H3a：内部节能动机在经济激励型政策和农村居民"公""私"领域节能行为之间起中介作用。

H3b：内部节能动机在自愿参与型政策和农村居民"公""私"领域节能行为之间起中介作用。

H3c：内部节能动机在命令控制型政策和农村居民"公""私"领域节能行为之间起中介作用。

H3d：外部节能动机在经济激励型政策和农村居民"公""私"领域节能行为之间起中介作用。

H3e：外部节能动机在自愿参与型政策和农村居民"公""私"领域节能行为之间起中介作用。

H3f：外部节能动机在命令控制型政策和农村居民"公""私"领域节能行为之间起中介作用。

2. 内部动机和外部动机的链式中介作用

基于自我决定理论，外部动机可以促进内部动机，自然地向内部动机转化。个体最初的行为动机可能源于他人的关注或是给予个体的奖励，即使个体对于某种行为本身不感兴趣，但如果让个体掌握对这种行为的理解并对其予以认可，那么个体会提高对这种行为的重视程度，即在促进外部动机的内化。外部动机的内化已经得到了广泛的论证，如：张剑等（2016）研究发现认同动机作为一种外部动机，能够促进内部动机，验证了工作场所中外部动机内化思想的适用性。张薇薇和蒋雪（2020）采用扎根理论方法研究得出，在外部环境刺激下，在线健康社区用户的参与动机会不断内化。结合上述分析，本书推断农村居民外部节能动机会影响其内部节能动机。由此，提出以下假设：

H4：外部节能动机对内部节能动机有影响。

结合假设 H1a、假设 H1c、假设 H1e、假设 H2a、假设 H2b 和假设 H4 以及"刺激—心理—反应"理论，本书推断外部节能动机和内部节能动机在政策工具与农村居民"公""私"领域节能行为之间的关系中可能存在链式中介效应，政策工具可以经由外部节能动机间接地影响内部节能动机，继而影响农村居民"公""私"领域节能行为。在以往的研究中，未有涉及"政策工具—外部节能动机—农村居民节能行为"的传导路径，但在本书的上述假设中,已论证过外部节能动机在政策工具与内部节能动机的中介作用,即"政策工具—外部节能动机—农村居民节能行为"。那么,内部节能动机是否能够进一步中介从外部节能动机到农村居民节能行为的影响路径呢?已有研究表明,外部动机确实能够促进内部动机,进而影响个体行为。因而,本书提出以下假设:

H5a:外部节能动机和内部节能动机在经济激励型政策和农村居民"公""私"领域节能行为之间起链式中介作用。

H5b:外部节能动机和内部节能动机在自愿参与型政策和农村居民"公""私"领域节能行为之间起链式中介作用。

H5c:外部节能动机和内部节能动机在命令控制型政策和农村居民"公""私"领域节能行为之间起链式中介作用。

三 模型构建

本书以"刺激—心理—反应"理论为基础构建的研究模型如图 3-1 所示。经济激励型政策、自愿参与型政策和命令控制型政策作为外部环境刺激,外部节能动机和内部节能动机为个体的心理状态,农村居民"公"领域节能行为和"私"领域节能行为作为个体的行为反应。

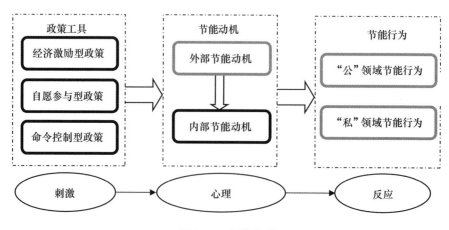

图 3-1 研究模型

四 数据来源

2016 年 8 月，中共中央办公厅、国务院办公厅印发了《关于设立统一规范的国家生态文明试验区的意见》，江西省作为生态基础较好、资源环境承载能力较强的地区，全境被纳入首批统一规范的国家生态文明试验区之一。2017 年国务院颁布的《国家生态文明试验区（江西）实施方案》中，明确提出要"开展绿色生活行动"，因此在研究农村居民生活环境行为方面有较好的代表性。数据均来源于课题组 2017 年 10 月至 2018 年 6 月对江西省农村的实地调研。为了确保样本数据具有代表型，本书采用分层随机抽样技术选取样本农村居民，课题组成员采用面对面方式访谈农村居民，根据样本居民的回答填写调查问卷，共回收问卷 650 份，其中有效问卷 602 份，问卷有效率为 92.62%。从有效样本的性别分布看，男性占 55.48%，女性占 44.52%。《江西省统计年鉴（2017）》的数据显示，2016 年江西省男女占比分别为 51.30% 和 48.70%，因此，本书所使用样本具有一定的代表性。

五 变量说明

本书所采用的量表主要借鉴国内外较为成熟的量表。为确保问卷的科学性，通过对农村居民的访谈和小样本的预调查，在修正量表基础上形成最终的测量量表。在正式的农村居民调查问卷中，所有变量均采用李克特 7 级量表进行评价。

"公"领域节能行为的测量参考 Gao 等（2017）的研究，共有 3 个条目，条目之一如"我会在公共场所（如村委会、公共厕所）节能"等。"私"领域节能行为的测量借鉴岳婷（2014）的研究，共设计 3 个条目，条目之一如"一天以上没人在家时，会关掉总电闸"等。内在节能动机的测量参照 Dunlap 等（2000）的研究，包括 3 个条目，条目之一如"我有义务节约能源，减少碳排放"等。外在节能动机的测量改编自 Geng 等（2017）的研究，由 2 个条目构成，条目之一如"节能行为可以省钱"等。自愿参与型政策、经济激励型政策和命令控制型政策参考了芈凌云（2011）、岳婷（2014）的研究，条目之一如"媒体中的节能产品或节能介绍会使我更关注节能"等。

第三节 结果与分析

一 共同方法偏误

本书采用 Harman 的单因子法和比较构念间的相关系数两种方法来检验共同方法偏误。本书中最大因子初始特征值的方差解释量为 26.65%，小于 50%，构念之间的相关系数最大值为 0.539，小于 0.9，在可接受的范围内。因此，本书使用的样本数据的共同方法偏误在可接受范围之内。

二 信度和效度检验

运用 Stata 16.0 软件对问卷进行信度分析，结果见表 3-1。分析结果显示，"私"领域节能行为、"公"领域节能行为、内部节能动机、外部节能动机、经济激励型政策、自愿参与型政策、命令控制型政策的 Cronbach's α 值分别为 0.679、0.854、0.734、0.504、0.708、0.788、0.761，均大于 0.5，CR 值均高于 0.8，这表明本书所使用调查问卷的可信度良好。

在此基础上，本书借助 Stata 16.0 和 Amos 25.0 软件，采用因子载荷、平均方差抽取量（AVE）和组合信度（CR）检验收敛效度，结果见表 3-1。本书研究各变量的标准化因子载荷值均大于 0.682，变量的组合信度（CR）均大于 0.805，各潜变量的平均变异抽取量（AVE）都大于 0.614，这表明各潜在变量均有较好的收敛效度。

表 3-1　　　　　　　　　信效度检验结果

潜变量	观测变量	Cronbach's α	组合信度（CR）	平均变异抽取量（AVE）	标准化因子载荷
"私"领域节能行为（SY）	SY1				0.777
	SY2	0.679	0.827	0.614	0.772
	SY3				0.801

续表

潜变量	观测变量	Cronbach's α	组合信度（CR）	平均变异抽取量（AVE）	标准化因子载荷
"公"领域节能行为（GY）	GY1	0.854	0.912	0.775	0.894
	GY2				0.922
	GY3				0.822
内部节能动机（NZ）	NZ1	0.734	0.863	0.681	0.884
	NZ2				0.892
	NZ3				0.682
外部节能动机（WZ）	WZ1	0.504	0.805	0.674	0.821
	WZ2				0.821
经济激励型政策（JL）	JL1	0.708	0.847	0.650	0.819
	JL2				0.864
	JL3				0.729
自愿参与型政策（ZY）	ZY1	0.788	0.877	0.703	0.866
	ZY2				0.820
	ZY3				0.829
命令控制型政策（ML）	ML1	0.761	0.895	0.810	0.900
	ML2				0.900

　　本书采用 AVE 值来验证区别效度，如果各变量 AVE 值的平方根均大于它与其他变量间的 Pearson 相关系数的绝对值，则认为变量间具有良好的区别效度。本书区别效度的检验结果如表 3 - 2 所示，"私"领域节能行为、"公"领域节能行为、内部节能动机、外部节能动机、经济激励型政策、自愿参与型政策、命令控制型政策的 AVE 值平方根均大于自身与其他潜变量间的相关系数，说明量表具有较好的区别效度。

表3-2 区别效度检验结果

变量	SY	GY	NZ	WZ	JL	ZY	ML
SY	0.784						
GY	0.343***	0.880					
NZ	0.205***	0.425***	0.825				
WZ	0.130***	0.097***	0.242***	0.821			
JL	0.077*	0.076***	0.212***	0.285***	0.806		
ZY	0.144***	0.277***	0.401***	0.260***	0.445***	0.838	
ML	0.089***	0.195***	0.296***	0.248***	0.539***	0.403***	0.900

注：对角线数据为变量的 AVE 平方根，其他为变量间相关系数；* 代表 $p<0.05$；*** 代表 $p<0.001$。

三 模型适配度及假设检验

运用 Amos 25.0 软件对模型进行初次拟合，拟合的结果不够理想。因此对模型进行修正，修正后的拟合指标如下：CMIN/DF（卡方自由度比）为 2.401，标准为 <3.000，检验结果良好；RMSEA 为 0.048，小于 0.05，检验结果理想；RFI 为 0.902、NFI 为 0.923、IFI 为 0.954、CFI 为 0.953、TLI 值为 0.940，以上指标均在 0.9 以上，表明模型整体拟合度良好。

本书基于调研数据，使用 Amos 25.0 软件，运用结构方程模型验证路径假设，结果见表 3-3 和图 3-2（已删除模型中不显著的路径）。

表3-3 结构方程模型估计结果

路径	标准化系数	C. R.	P	结论
经济激励型政策→外部节能动机	0.399	3.719	***	成立
自愿参与型政策→内部节能动机	0.382	5.344	***	成立
命令控制型政策→内部节能动机	0.130	2.891	*	成立
外部节能动机→内部节能动机	0.226	3.057	**	成立
外部节能动机→农村居民"私"领域节能行为	0.194	2.499	**	成立
内部节能动机→农村居民"私"领域节能行为	0.130	2.034	*	成立
内部节能动机→农村居民"公"领域节能行为	0.452	7.465	***	成立

注：* 代表 0.05 显著性水平；** 代表 0.01 显著性水平；*** 代表 0.001 显著性水平。

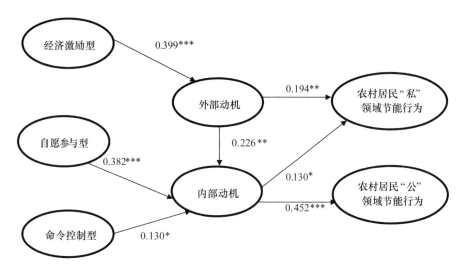

图 3 - 2　模型路径估计结果图

注：* 代表 0.05 显著性水平；** 代表 0.01 显著性水平；*** 代表 0.001 显著性水平。

由表 3 - 3 和图 3 - 2 可以得到如下结论：

经济激励型政策与外部节能动机的路径系数为 0.399，P < 0.001，假设 H1a 成立，说明经济激励型节能政策能够增强农村居民外部节能动机。可能是由于农村居民是"理性经济人"，其目标是经济利益最大化。因此，当农村居民节约能源可以得到政府的奖励或者补贴时，他们就会认为节约能源可以获得额外的经济利益，出于节省成本而节能的动机就会增强。

自愿参与型政策与内部动机的路径系数为 0.382，P < 0.001，假设 H1d 成立，这表示自愿参与型节能政策有利于促进农村居民内部节能动机。原因可能是环境信息的传递是节能行为选择的重要影响因素，自愿参与型政策通过节能宣传等方式能够向农村居民传递各种节能观念以及方法，农村居民会因此了解到节能的好处，从而产生节能意愿。

命令控制型政策与内部动机的路径系数为 0.130，P < 0.05，假设 H1f 成立，可见强制性节能政策增强了农村居民的内部节能动机。可以解释为节能法律法规的强制执行会迫使居民更加关注节能。因此，农村居民会因命令型节能政策增加对节能问题的关注，从而提高节能意识，他们会逐渐

认为节能是"做正确的事"。

外部节能动机与内部节能动机的路径系数为 0.226，P < 0.005，假设 H4 成立，表明农村居民的外部节能动机可以内化为内部节能动机。根据自我决定理论，外部动机的内化是一个自然的过程，当农村居民不断地受到外部激励的刺激而节能时，他们的这种刺激产生的反应最终会成为一种稳定的、可持续的反应。

外部动机与农村居民"私"领域节能行为的路径系数为 0.194，P < 0.005，假设 H2a 成立，这意味着外部节能动机会提高农村居民在"私"领域节能的可能性。原因可能在于，公众出于经济利益而实施私人领域亲环境行为，当农村居民意识到节能的经济收益大于不节能的成本时，他们会为了省钱而在家中节约能源。

内部节能动机与农村居民"私"领域节能行为的路径系数为 0.130，P < 0.05，假设 H2c 成立，表明内部动机节能水平越高的农村居民越可能在"私"领域中节能。这意味着增强农村居民的责任感有助于农村居民发自内心地节约能源。

内部节能动机与农村居民"公"领域节能行为的路径系数为 0.452，P < 0.001，假设 H2d 成立，内部节能动机能够促进农村居民在公共场所中节能。这可能是因为责任感强的农村居民会将"节约能源、保护环境"视作自己的义务，因此，即使他们不能获得经济利益，在公共场所中也会主动节能。

四 中介效应检验

根据 Hayes 对中介效应的检验，采用偏差校正的 Bootstrap 置信区间法对内部节能动机和外部节能动机的中介效应进行检验。在 95% 的置信水平下，设定抽样 5000 次，中介效应的分析结果如表 3 - 4 所示（表中只列出了显著的中介效应路径）。

中介效应的检验结果显示，在以外部节能动机为简单中介变量的经济激励型政策、自愿参与型政策、命令控制型政策和农村居民"公""私"领域节能行为之间的关系中，经济激励型政策通过外部节能动机影响农村居民"私"领域节能行为的间接效应值为 0.121，对应置信区间为 [0.021，0.302]，置信区间不包含 0，表明外部节能动机在经济激励型政策与农村居民"私"领域节能行为的关系之间起简单中介效应。

在以内部节能动机为简单中介变量的经济激励型政策、自愿参与型政策、命令控制型政策和农村居民"公""私"领域节能行为之间的关系中，自愿参与型政策通过内部节能动机影响农村居民"公"领域节能行为的间接效应值为0.258，对应置信区间为［0.123，0.455］，置信区间不包含0，说明内部节能动机在自愿参与型政策与农村居民"公"领域节能行为的关系之间起简单中介效应；命令控制型政策通过内部节能动机影响农村居民"公"领域节能行为的间接效应值分别为0.151，对应置信区间为［0.035，0.304］，置信区间不包含0，内部节能动机在命令控制型政策与农村居民"公"领域节能行为的关系之间起简单中介效应。

在经济激励型政策通过外部节能动机和内部节能动机影响农村居民"私"领域节能行为和农村居民"公"领域节能行为的链式中介里，间接效应值分别为0.018和0.091，对应置信区间分别为［0.001，0.082］和［0.027，0.259］。以上置信区间均不包含0，外部节能动机和内部节能动机在经济激励型政策与农村居民"私"领域节能行为和农村居民"公"领域节能行为的关系之间的链式中介效应得到验证。

表3－4　　　　　　　　　中介效应检验结果

路径	效应值	下限	上限
经济激励型政策→外在动机→"私"领域节能行为	0.121	0.021	0.302
自愿参与型政策→内在动机→"公"领域节能行为	0.258	0.123	0.455
命令控制型政策→内在动机→"公"领域节能行为	0.151	0.035	0.304
经济激励型政策→外在动机→内在动机→"私"领域节能行为	0.018	0.001	0.082
经济激励型政策→外在动机→内在动机→"公"领域节能行为	0.091	0.027	0.259

为进一步探讨各潜变量间的直接效应、间接效应和总效应，本书将相关结果列示于表3－5。由表3－5可知，在三种政策工具中，相对于命令控制型政策、经济激励型政策，自愿参与型政策对农村居民"公"领域

节能行为的影响程度（总效应）更大。只有经济激励型政策对农村居民"私"领域节能行为有间接影响。经济激励型政策对农村居民外部节能动机有直接影响（0.399），而命令控制型政策、经济激励型政策对外部动机没有影响。自愿参与型政策对农村居民内部节能动机的影响（0.382）远高于命令控制型政策对内部节能动机的影响（0.130）。相对于内部节能动机，外部节能动机对农村居民"私"领域节能行为的直接效应更大（0.194）。内部节能动机对农村居民"公"领域节能行为有直接影响（0.452），但外部节能动机对农村居民"公"领域节能行为没有影响。

表3-5 潜变量之间直接效应、间接效应和总效应

路径	直接效应	间接效应	总效应
经济激励型政策→外部节能动机	0.399	0	0.399
自愿参与型政策→内部节能动机	0.382	0	0.382
命令控制型政策→内部节能动机	0.130	0	0.130
外部节能动机→内部节能动机	0.226	0	0.226
外部节能动机→"私"领域节能行为	0.194	0	0.194
内部节能动机→"私"领域节能行为	0.130	0	0.130
内部节能动机→"公"领域节能行为	0.452	0	0.452
经济激励型政策→外部节能动机→"私"领域节能行为		0.077	0.077
命令控制型政策→内部节能动机→"公"领域节能行为		0.059	0.059
自愿参与型政策→内部节能动机→"公"领域节能行为		0.173	0.173
经济激励型政策→外在动机→内在动机→"私"领域节能行为		0.175	0.175
经济激励型政策→外在动机→内在动机→"公"领域节能行为		0.041	0.041

第四节 研究结论与政策启示

一 研究结论

基于"刺激—心理—反应"理论和自我决定理论，采用江西省602个农村居民调研数据，分析不同政策工具对农村居民"公""私"领域节

能行为的影响，研究表明：（1）不同类型政策工具对农村居民"公"
"私"领域节能行为的作用路径存在显著差异。相对于命令控制型政策、
经济激励型政策，自愿参与型政策对农村居民"公"领域节能行为的影
响程度（总效应）更大。只有经济激励型政策对农村居民"私"领域节
能行为的有间接影响。（2）在三种政策工具中，只有经济激励型政策对
农村居民外部节能动机有直接影响。相对于命令控制型政策，自愿参与型
政策对农村居民内部节能动机的影响更大。（3）在节能动机中，只有内
部节能动机对农村居民"公"领域节能行为有直接影响。相对于内部节
能动机，外部节能动机对农村居民"私"领域节能行为的直接影响更大。

二　政策启示

基于上述研究结论，提出如下政策建议：（1）政府要联合社会团体
等非政府组织在农村地区多开展节能环保公益活动，激发农村居民的节能
责任感，提高他们的"公"领域节能行为实施水平。（2）政府一方面要
增加节能环保宣传活动的次数（如由一年四次提高到每月一次），尤其是
在农闲期间；另一方面要通过发放奖品的形式来提高每次参加活动的人
数，多举办一些便于农村居民参加的节能宣传活动，通过这些活动唤醒和
增强农村居民内部节能动机，引导他们在居家生活和公共场所节约能源。
（3）目前我国经济激励型政策（如阶梯电价）、命令控制型政策虽已取得
一定成效，但仍有一部分农村居民是迫于压力被动实施节能行为，并且长
期的命令强制还可能会使农村居民产生逆反心理。因此，政府需要重视发
挥自愿参与型政策的效力，来引导农村居民由被动节能转变为主动节能，
比如村委会定期举办节能培训活动，培育农村居民的节能意识并产生潜移
默化的作用，从而使他们在家和在公共场所中自愿、主动节能。

第四章

农村居民"公""私"领域
节能行为一致性研究

第一节 引言

居民是我国生活能源消费的主体，其日常用能行为会影响我国的生态环境。2000—2018 年我国农村居民人均生活用能年均增长率（9%）远高于同期城镇居民的平均增长率（4%），这表明我国居民生活能源消费需求增长主要来源于农村居民。因此，引导农村居民节能对于推进我国生态文明建设至关重要。农村居民是社会人，其行为会随着地点的变化而改变。根据农村居民节能行为实施地点的不同，可以将其节能行为分为"私"领域节能行为和"公"领域节能行为，前者是指居民在家购买、消费和使用电器过程中直接或间接节能的各类行为，后者是指居民在工作场所或公共场所实施的各种节能活动。已有研究表明，居民环境行为在"公"领域和"私"领域存在差别。农村居民节能行为是一种环境行为，其节能行为在"公""私"领域可能会发生变化。课题组调研发现，有一些农村居民在"公"领域和"私"领域都实施了节能行为，也有部分农村居民在"私"领域实施了节能行为但在"公"领域不节能，还有部分农村居民在"公""私"领域都不节能。为什么会出现这些现象？这些现象是如何发生的？回答这些问题可以为有效引导农村居民节能提供决策参考。

现有居民环境行为的研究主要集中体现在三个方面：一是居民环境行为的分类。根据环境行为实施的领域不同，一些学者将居民环境行为分为

"公"领域环境行为和"私"领域环境行为两类。二是研究居民"公""私"领域环境行为的影响因素，一些学者研究发现"公""私"领域环境行为影响因素存在差别。如：王建华等（2020）研究发现，环境态度和个体责任意识对农村居民"公""私"领域亲环境行为的影响存在差异；环境态度仅对农村居民的"公"领域亲环境行为产生影响，而个体责任意识只会影响农村居民的"私"领域亲环境行为。三是研究农村居民"私"领域不同类型节能行为的影响因素，发现农村居民"私"领域不同类型节能行为的影响因素存在差异。如：滕玉华等（2020）研究发现节能意愿、受教育程度都会显著影响农村居民能源削减行为。李世财等（2020）研究得出，节能习惯、传统文化价值观对农村居民住宅节能投资行为有正向影响。

已有研究为本书奠定了良好的基础，但仍有不足：一是已有农村居民节能行为的研究主要集中于考察农村居民"私"领域不同类型节能行为的影响因素，但研究农村居民"公""私"领域节能行为一致性的文献还很缺乏。二是现有研究主要关注居民亲环境行为在"公""私"领域的差异，而鲜见探讨农村居民"公""私"领域节能行为"正向一致"和"负向一致"的文献。为此，本书采用农村居民的调研数据，运用二元 logit 模型和解释结构模型（ISM），在将农村居民"公""私"领域节能行为的一致性划分为"正向一致"和"负向一致"的基础上，研究农村居民"公""私"领域节能行为一致性的影响因素及其层级结构，以期为完善我国节能政策提供新的思路。

第二节　理论分析、材料、研究方法

一　理论假设

农村居民节能行为是一种亲环境行为，在亲环境行为研究中"刺激—反应—行为"理论得到了普遍的运用。基于"刺激—反应—行为"理论，农村居民"公""私"领域节能行为一致性主要受"刺激因素"和"心理反应"两方面的影响。其中，刺激因素主要包括政府政策和社会因素，心理反应包括农村居民心理因素和个体特征。由此可知，农村居民"公""私"领域节能行为一致性的影响因素包括政府政策、社会因素、个体特征和心理因素四个方面。课题组通过对农村居民的深度访谈发现,影响农村居民"公""私"领域节能行为一致性的政策因素主要有自愿参与型政策、经济激励型政策和命令控制型政策,社会因素主要是社会规范,农村居民的个体特征主要有年龄和收入,心理因素主要包括主观规范、感知行为控制、节能责任感、节能知识、舒适偏好、节能情感、节能习惯、节能政策认知、感知的政策执行力度。一些亲环境行为的相关研究也表明,政府政策、社会规范对居民不同类型亲环境行为的影响有差别,心理因素(如环境知识、个体责任感和情感等)、年龄对居民"公""私"领域亲环境行为的影响存在差异。基于"刺激—反应—行为"理论和已有相关研究成果,本书认为政府政策(命令控制型政策、经济激励型政策、自愿参与型政策)、社会规范、心理因素(主观规范、感知行为控制、节能责任感、节能知识、舒适偏好、节能情感、节能习惯、节能政策认知、感知的政策执行力度)和人口统计特征(年龄和收入)可能会影响农村居民"公""私"领域节能行为一致性。

综上所述,本书以"刺激—反应—行为"理论为基础,构建了农村居民"公""私"领域节能行为一致性影响因素分析模型(见图4-1)。

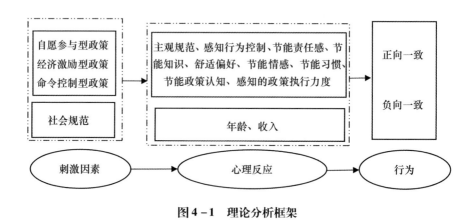

图4-1 理论分析框架

二 数据来源与样本特征

本书数据来自课题组2017年10月—2018年6月在江西省农村的实地调研,运用分层随机抽样技术选取农村居民样本,课题组共调研农村居民

650 个，实际获得有效问卷 602 份，问卷有效率为 92.6%。在 602 个农村居民样本中，从外出打工经历来看，外出打工的样本占总样本的 45.35%，没有外出打工样本占总样本的 54.65%。从"公""私"领域节能行为来看，有 34.22% 的受访农村居民在"公""私"领域节能行为上存在差异；从"公""私"领域节能行为一致性来看，有 42.19% 的受访农村居民在"公""私"领域都实施了节能行为，即节能行为"正向一致"；有 23.59% 的受访农村居民在"公""私"领域都未节能，即节能行为"负向一致"。因此，本书的农村居民样本有一定的代表性，满足本书的需要。

三　研究方法

（一）农村居民"公""私"领域节能行为一致性的影响因素模型构建

农村居民"公""私"领域节能行为一致性可以划分为"正向一致性"与"负向一致性"，前者是指农村居民在"公"领域与"私"领域都实施了节能行为，后者是指农村居民在"公"领域与"私"领域都不节能。因变量"正向一致性"与"负向一致性"分别用 Y_1 和 Y_2 表示，并设定 $Y_1 = 1$ 表示农村居民"公""私"领域节能行为"正向一致性"，而 $Y_1 = 0$ 则表示其他情况；$Y_2 = 1$ 表示农村居民"公""私"领域节能行为"负向一致性"，$Y_2 = 0$ 表示其他情况。由于因变量（Y_1、Y_2）是一个二元选择问题，本书采用二元 Logit 模型研究农村居民"公""私"领域节能行为一致性的影响因素。二元 Logit 模型基本形式如下：

$$\text{Logit}(Pi) = \text{Ln}(\frac{Pi}{1 - Pi}) = \alpha + \sum_{j=1}^{n} \beta j X j + e \qquad (4.1)$$

式中：Pi 表示农村居民"公""私"领域节能行为"正向一致性""负向一致性"的概率；i 表示第 i 个农村居民；X 表示各影响因素，e 为随机误差。

（二）解释结构模型

由于解释结构模型（ISM）可以解析复杂社会经济系统的关键影响因素以及各影响因素间的层次结构。为了分析农村居民"公""私"领域节能行为"正向一致性"的各影响因素之间的层次结构，本书运用解释结构模型探究影响因素之间的关联性和层次性。解释结构模型的主要步骤有：构造农村居民"公""私"领域节能行为"正向一致性"影响因素间的逻辑关系；确定邻接矩阵；计算可达矩阵；确定影响农村居民"公""私"领域节能行为"正向一致性"因素间的层级结构；构建解释性结构模型。本书采用相同的方法，解析影响农村居民"公""私"领域节能行为"负向一致性"的因素以及这些影响因素之间的层次性。

四 变量测量

本书采用的变量有潜变量和显变量两种类型。潜变量均采用李克特七级量表，其中"1"代表完全不同意，"7"代表完全同意。

潜变量的具体说明如下：（1）"公""私"领域节能行为的测量。"私"领域节能行为的测量参考岳婷（2014）的研究，包含3个题项，分别是"做饭时，注意调节火苗以减少燃气浪费""一天以上没人在家时，会关掉总电闸""尽可能少使用家用电器（如电视、风扇、洗衣机、取暖器等）"。"公"领域节能行为的测量参考Gao等（2017）的研究，包含3个题项，分别是"我会在上班的地方节能""我会在公共场所（如村委会、公共厕所）节能""我会尽力在上班的地方节能"。（2）其他潜变量的测量（具体测量题项见表4－1）。

显变量的具体说明如下：年龄（农村居民的实际岁数）、收入（2017年该农村居民可支配收入）。

农村居民"公""私"领域节能行为"正向一致性"的测算方法如下：首先，计算农村居民"公"领域节能行为的算术平均值；然后，计算总样本的"公"领域节能行为的均值；最后，将农村居民"公"领域节能行为的算术平均值与总样本的均值进行比较。当农村居民在"公"领域节能行为的算术平均值大于总样本的均值时，本书视为农村居民在"公"领域实施了节能行为，记作1；当农村居民在"公"领域节能行为的算术平均值小于总样本的均值时，视为农村居民在"公"领域未节能，记作0。采用相同的方法测算农村居民"私"领域节能行为。当农村居民在"公""私"领域都实施了节能行为，即为"正向一致性"，记作1，其他情况为"正向不一致性"，记作0。采用与农村居民"公""私"领域节能行为"正向一致性"相同的方法，测算农村居民"公""私"领域节能行为"负向一致性"。

表4-1 测量题项

潜变量	测量题项	参考量表
舒适偏好	我不太注意用能多少，该用就用	芈凌云，2011
	夏季，只要觉得热，我就会使用制冷设备（如电风扇、空调等）	
	冬季，只要觉得冷我就会使用取暖设备（如电暖气、空调等）	
	与节能相比，我觉得生活的舒适性更重要	
节能知识	电器设备待机时的耗电量，一般为其开机耗电量的10%左右	Schahn 和 Holzere，1990；Sia 等，1986
	夏季空调设定温度每调高1度，就可省大约8%的电量	
节能责任感	我有义务节约能源、减少碳排放	Dunlap 等，2000
	我愿为节能做出贡献	
	为了节能，我愿意牺牲一些个人利益	
	看到有人做出有损环境的行为，我会主动劝阻	
个人规范	我节能的目的是保护环境	Geng 等，2017
	我计划通过节能来保护环境	
	为了保护环境，我每天都会节能	
消极节能情感	若我不节约能源，我会感到很羞耻	王建明，2015；Harth 等，2013
	若我不节约能源，我会感到很内疚	
	若我不节约能源，我会感到很痛心	
积极节能情感	若我节约了能源，我会感到很开心	王建明，2015；Onwezen 等，2013
	若我节约了能源，我会感到很自豪	
	若我节约了能源，我会感到很欣慰	
节能习惯	节能是我日常生活的一部分	Geng 等，2017
	我节能是不需要思考的事情	
	节能已经成为我的习惯	
感知行为控制	我有足够的知识和技能来节约能源	岳婷，2014
	是否节能完全取决于我自己	
	实施节能行为遇到困难时，我总是能够解决	

续表

潜变量	测量题项	参考量表
政策认知	我了解新能源汽车补贴政策	岳婷,2014; 杨树,2015
	我了解到贴有"节能产品惠民工程"标识的产品均可享受补贴	
	我了解"高效节能家电补贴政策"	
	我了解每年开展的"节能宣传周活动"	
	我了解关于引导居民节能的政策(例如《公众节能行为指南》)	
社会规范	购买节能产品会提升我在亲朋好友心中的地位	Ajzen,1991
	购买节能产品会被其他人尊重	
经济激励型政策	若政府补贴节能产品,我更愿意购买节能产品(如节能家电等)	芈凌云,2011
	若对节能行为进行相关奖励的话,我会更积极去节能	
	若政府进行阶梯电价,我会减少电器的使用时间	
命令控制型政策	若政府相关规章制度要求必须节能,那我肯定会照办	芈凌云,2011
	若政府规定使用一些节能环保材料,我会使用	
自愿参与型政策	媒体中的节能产品或节能介绍会使我更关注节能	芈凌云,2011
	节能标识会促使我购买节能产品	
	节能教育和节能宣传有助于我节能	
感知的政策执行力度	我认为节能政策宣传力度很大	芈凌云,2011; 岳婷,2014
	我认为节能政策执行到位	
	我认为节能产品补贴政策力度很大	

第三节 结果与分析

一 变量信度和效度检验

利用 stata 15.1 软件对所采用的各潜变量进行信效度分析,结果见表 4-2。各潜变量 KMO 值都大于 0.5,说明所采用的潜变量适合进行因子分析。各潜变量标准化因子载荷均大于 0.713、平均抽取方差(AVE 值)的平方根均大于 0.781,均符合标准,表明量表的收敛效度及建构效度较好。运用 Cronbach's α 系数和组合信度(CR)值检验量表的信度,结果表明，Alpha 值均大于0.608，CR 值都大于0.836，这说明量表具有良好的信度。从表4-2的信度效度分析结果可知，本书所采用的量表有良好的建构效度，具有较高的可信度。

表4-2　　　　　　　　　　　信效度检验结果

变量名	KMO 值	Alpha 值	C. R	AVE 平方根
舒适偏好	0.759	0.789	0.865	0.784
节能知识	0.500	0.608	0.836	0.921
节能责任感	0.699	0.772	0.862	0.781
个人规范	0.725	0.861	0.916	0.885
消极节能情感	0.753	0.935	0.958	0.941
积极节能情感	0.759	0.940	0.962	0.946
节能习惯	0.714	0.822	0.895	0.860
感知行为控制	0.671	0.715	0.841	0.799
政策认知	0.795	0.875	0.909	0.817
社会规范	0.500	0.864	0.936	0.938
经济激励型政策	0.645	0.708	0.847	0.806
命令控制型政策	0.500	0.761	0.895	0.900
自愿参与型政策	0.698	0.788	0.877	0.838
感知的政策执行力度	0.721	0.889	0.931	0.951

二　二元 Logit 模型结果

基于调研数据，借助 stata 15.1 软件，首先分别对模型（1）至模型（4）进行方差膨胀因子检验，结果显示，模型（1）至模型（4）中各解释变量的 VIF 值都小于2，表明本书的4个模型均不存在严重的多重共线性问题。然后，分别对农村居民"公""私"领域节能行为"正向一致性""负向一致性"的影响因素进行二元 Logit 回归分析，估计结果如表4-3所示，由此结果可知，农村居民"公""私"领域节能行为"正向一致性""负向一致性"的影响因素存在差别。

表4-3 　　　　　　　　　农村居民"公""私"领域节能
行为一致性影响因素的估计结果

影响因素	自变量	模型（1） 正向一致性	模型（2） 正向一致性	模型（3） 负向一致性	模型（4） 负向一致性
人口特征	年龄	0.004 (0.56)	—	-0.022** (-2.79)	-0.025** (-3.31)
	收入	0.237** (3.18)	0.269** (3.92)	-0.097 (-1.14)	—
心理因素	舒适偏好	-0.290** (-2.96)	-0.274** (-2.90)	0.446** (3.61)	0.455** (3.79)
	节能知识	0.184* (1.76)	0.224** (2.24)	-0.096 (-0.75)	—
	节能责任感	0.327** (2.36)	0.491** (4.09)	-0.401** (-2.79)	-0.455** (-3.47)
	个人规范	0.185 (1.31)	—	-0.276* (-1.76)	-0.379* (-2.58)
	消极节能情感	0.345** (2.51)	0.554** (4.85)	-0.090 (-0.58)	—
	积极节能情感	0.113 (0.85)	—	-0.147 (-1.05)	—
	节能习惯	0.155 (1.15)	—	-0.283** (-1.99)	-0.291** (-2.34)
	感知行为控制	-0.017 (-0.13)	—	0.033 (0.21)	—
	政策认知	0.006 (0.05)	—	-0.299** (-2.17)	-0.360** (-3.02)
	感知的政策 执行力度	0.090 (0.76)	—	-0.137 (-0.93)	—

续表

影响因素	自变量	模型（1）	模型（2）	模型（3）	模型（4）
		正向一致性	正向一致性	负向一致性	负向一致性
刺激因素	社会规范	0.084 (0.77)	—	0.041 (0.30)	—
	经济激励型政策	−0.174 (−1.41)	—	0.165 (1.12)	—
	命令控制型政策	0.080 (0.65)	—	−0.070 (−0.52)	—
	自愿参与型政策	0.081 (0.64)	—	0.025 (0.18)	—

注：** 、* 分别表示 5% 和 10% 的显著性水平，括号内的值为 t 值。

（一）农村居民"公""私"领域节能行为"正向一致性"的影响因素分析

1. 个体特征。收入对农村居民"公""私"领域节能行为"正向一致性"有显著正向影响（$P < 0.01$），表明高收入群体更有可能在"公""私"领域都节能，这可能是由于收入较高的农村居民文化程度也较高，他们拥有更强的环保意识，因此，他们会在家中和公共场所注重节能。

2. 心理因素。舒适偏好对农村居民"公""私"领域节能行为"正向一致性"有显著负向影响（$P < 0.01$），这意味着有舒适偏好的农村居民在"公""私"领域都节能的可能性更小。节能知识对农村居民"公""私"领域节能行为"正向一致性"有显著正向影响（$P < 0.05$），这表示农村居民掌握的节能知识越多，其"公""私"领域节能行为"正向一致"的可能性越大。节能责任感对农村居民"公""私"领域节能行为"正向一致性"有显著正向影响（$P < 0.01$），表明节能责任感越强的农村居民越会在"公""私"领域节能行为上表现出"正向一致"，可能是由于节能责任感强的农村居民认为随时随地节约能源是他们的义务，因此，他们不会因空间的变化而改变这一行为。消极节能情感对农村居民"公""私"领域节能行为"正向一致性"有显著正向影响（$P < 0.01$），说明农村居民对他人浪费能源行为产生的厌恶感越强烈，在

"公""私"领域都实施节能行为的可能性越大,这可能是因为农村居民消极节能情感越强烈,他们越会讨厌他人浪费能源,鄙视那些浪费能源的人,自己就不会浪费能源,因此,无论在家中还是在公共场所,他们都会节约能源。

（二）农村居民"公""私"领域节能行为"负向一致性"的影响因素分析

1. 个体特征。年龄对农村居民"公""私"领域节能行为"负向一致性"有显著负向影响（$P < 0.01$）,说明年龄越大的人在"公""私"领域中都不节能的可能性越小。

2. 心理因素。舒适偏好对农村居民"公""私"领域节能行为"负向一致性"有显著正向影响（$P < 0.01$）。表明有舒适偏好的农村居民更不会在"公""私"领域节能,原因可能是有舒适偏好的农村居民,无论在家还是在公共场所首先考虑的是舒适,在节能影响舒适时,他们就不会节能。节能责任感对农村居民"公""私"领域节能行为"负向一致性"有显著负向影响（$P < 0.01$）,这意味着农村居民节能责任感越强,其在"公""私"领域都节能的可能性就越低。个人规范对农村居民"公""私"领域节能行为"负向一致性"有显著负向影响（$P < 0.1$）,说明低水平个人规范的农村居民越可能在"公""私"领域中都不实施节能行为。这可能是个人规范水平高的个体为避免自我制裁,追求自我肯定更愿意实施亲环境行为。低水平个人规范的农村居民不会将节能看作是"做正确的事",他们无法从节能中获得自豪感、成就感,因此,他们不会在"公""私"领域主动节能。节能习惯对农村居民"公""私"领域节能行为"负向一致性"有显著负向影响（$P < 0.05$）,这表示有节能习惯的农村居民更可能会在"公""私"领域中节能,原因可能在于习惯具有无意识以及自动性的特点。政策认知对农村居民"公""私"领域节能行为"负向一致性"有显著负向影响（$P < 0.01$）,表明农村居民对节能政策越了解,越可能实施节能行为,可以解释为随着农村居民对节能政策的认识程度和重视程度的提高,他们就会越了解节约能源的好处,其浪费能源的可能性就越小。

三　农村居民"公""私"领域节能行为一致性影响因素层级结构

为了进一步厘清农村居民"公""私"领域节能行为一致性影响因素之间的逻辑关系，本书利用 ISM 模型分别解析农村居民"公""私"领域节能行为"正向一致性""负向一致性"影响因素间的关联关系及层次结构。

现以农村居民"公""私"领域节能行为"正向一致性"为例，介绍影响因素层级结构分解过程。首先，根据二元 Logit 模型的估计结果，用 S_0 代表被解释变量农村居民"公""私"领域节能行为"正向一致性"，S_1、…、S_5 分别表示收入、舒适偏好、节能知识、节能责任感、消极节能情感。本书邀请环境行为和心理学方面学者组成专家小组，确定上述 6 个因素间的逻辑关系（见图 4－2）。其中，"V"表示行因素对列因素有直接或间接影响，"A"表示列因素对行因素有直接或间接影响，"0"表示行列因素间无直接或间接影响。

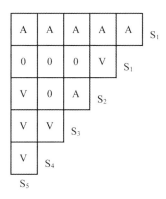

图 4－2　农村居民"公""私"领域节能行为
"正向一致性"影响因素间的逻辑关系

根据图 4－2 可达矩阵构成元素的计算法则，借助 Matlab. 2018b 软件，首先求得可达矩阵 A。然后，根据可达矩阵层次划分方法，求得 L_1 = $\{S_0\}$，并依次得到 L_2 = $\{S_5\}$，L_3 = $\{S_2$、$S_4\}$，L_4 = $\{S_1$、$S_3\}$，最终得到排序后可达矩阵（公式 4.2）。

$$N= \begin{array}{c} \\ S_0 \\ S_5 \\ S_2 \\ S_4 \\ S_1 \\ S_3 \end{array} \begin{array}{cccccc} S_0 & S_5 & S_2 & S_4 & S_1 & S_3 \\ \hline 1 & 0 & 0 & 0 & 0 & 0 \\ 1 & 1 & 0 & 0 & 0 & 0 \\ 1 & 1 & 1 & 0 & 0 & 0 \\ 1 & 1 & 0 & 1 & 0 & 0 \\ 1 & 1 & 1 & 0 & 1 & 0 \\ 1 & 1 & 1 & 1 & 0 & 1 \end{array} \qquad (4.2)$$

图4-3 农村居民"公""私"领域节能行为
"正向一致性"影响因素的关联层次结构图

根据排序后可达矩阵 N，将同一个层级的因素表示在同一水平位置的方框内，即可得到影响农村居民"公""私"领域节能行为"正向一致性"影响因素层级结构（图4-4）。

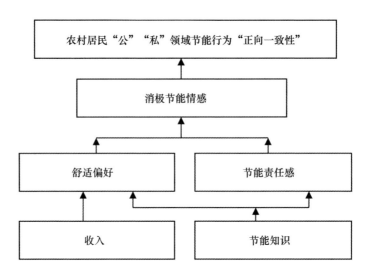

图4-4 农村居民"公""私"领域节能行为
"正向一致性"影响因素的关联层次结构图

采用同样的方法，可以得到影响农村居民"公""私"领域节能行为"负向一致性"的各因素之间的关联与层次结构（见图4-5）。

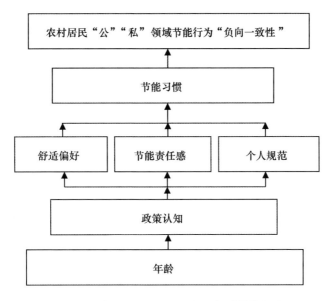

**图4-5 农村居民"公""私"领域节能行为
"负向一致性"影响因素的关联层次结构**

四 结果分析

由图4-3可知,消极节能情感对农村居民"公""私"领域节能行为"正向一致性"有直接影响,消极节能情感受到舒适偏好和节能责任感两个中间层间接因素的影响,舒适偏好是由收入、节能知识两个深层根源因素决定,节能责任感会受到节能知识的影响。农村居民"公""私"领域节能行为"正向一致性"的各影响因素之间既相互独立,又相互联系,这些因素分别以直接或间接的方式影响农村居民"公""私"领域节能行为"正向一致性"。根据解释性结构(图4-5)可知,农村居民"公""私"领域节能行为"负向一致性"的各影响因素的关联与层级结构为:节能习惯是表层影响因素;政策认知、舒适偏好、节能责任感、个人规范是中间层间接因素;年龄为深层根源因素。

第四节 讨论

引导农村居民不仅在"私"领域节能，而且在"公"领域节能，对于推进我国农村生态文明建设有重要现实意义。

现有文献仅研究了农村居民"私"领域不同类型节能行为的影响因素，而本书研究发现，有部分农村居民"公""私"领域节能行为不一致，"正向一致性""负向一致性"的影响因素存在差异。本书在区分"公""私"领域节能行为基础上，探讨"公""私"领域节能行为一致性的影响因素及其层级结构，为更好地引导农村居民在不同领域节能提供理论支持。

本书研究发现，心理因素是影响农村居民"公""私"领域节能行为"正向一致性"的重要因素。其中，消极节能情感的影响最大，随后依次是节能责任感和节能知识。这一结果表明，要引导农村居民既在"公"领域节能，又在"私"领域节能，需要激发农村居民的消极节能情感，增强农村居民节能责任感，让农村居民掌握更多的节能知识。

已有研究发现，政策工具、感知的政策执行力度对农村居民"私"领域节能行为有影响，本书研究表明，政策工具、感知的政策力度对农村居民"公""私"领域节能行为"正向一致性"没有显著影响。这表明现有的节能政策并不能促进农村居民在"公"领域都节能。因此，为了引导农村居民在"公""私"都实施节能行为，还需要优化现有的居民节能政策。

第五节 研究结论与政策启示

一 研究结论

本书基于"刺激—反应—行为"理论探讨影响农村居民"公""私"领域节能行为一致性的因素及其内部逻辑。运用 Logit – ISM 模型，从刺激因素、心理因素和人口统计特征三个方面，分别对影响农村居民"公""私"领域节能行为"正向一致性""负向一致性"的因素及层次结构进行分析，研究发现：（1）收入、节能知识、节能责任感、消极节能情感显著正向影响农村居民"公""私"领域节能行为"正向一致性";舒适偏好显著负向影响农村居民"公""私"领域节能行为"正向一致性"。其中,消极节能情感是表层直接因素;舒适偏好和节能责任感是中间层间接因素;收入和节能知识是深层根源因素。(2)舒适偏好显著正向影响农村居民"公""私"领域节能行为"负向一致性";年龄、节能责任感、个人规范、节能习惯、政策认知显著负向影响农村居民"公""私"领域节能行为"负向一致性"。其中,节能习惯是表层直接因素;舒适偏好、节能责任感、个人规范和政策认知是中间层间接因素;年龄是深层根源因素。

二　政策启示

基于上述研究结论,提出如下政策建议:(1)政府一方面要通过制作节能知识宣传册或拍摄一些节能知识的短视频投放到网络平台;另一方面要鼓励和引导企业或环保组织在农村地区开展一些节能知识的宣传活动,让更多的农村居民掌握节能知识,提高农村居民开展节能的能力。(2)政府要在老年人较多的农村地区,通过手机、电视、墙报等多种渠道宣传国家节能政策,采取有奖问答的方式激发农村居民的学习兴趣,让农村居民知晓国家出台的节能政策,以及实施这些政策的目的和意义,从而引导农村居民主动节能。(3)政府要在农闲时,组织农村居民观看一些因能源消耗引发环境问题方面的公益电影或宣传片,让农村居民认识到浪费能源所带来的环境危害,以唤醒农村居民的消极节能情感,促进他们实施节能行为。

第 五 章

节能意识对农村居民
"公"领域节能行为的影响研究

第一节　引言

引导农村居民在"公"领域将节能意识转化为节能行为对于促进农村生态文明建设至关重要。《公众节能行为指南》提出要倡导"绿色办公"的理念——办公室应采购节能产品和设备、减少办公设备待机能耗以及下班后关闭办公室空调等。《农村人居环境整治提升五年行动方案（2021—2025 年）》更是指出要强化农村人居环境领域节能节水降耗。由此可见，政府高度重视农村居民在"公"领域节能行为的实施情况。然而，《公民生态环境行为调查报告（2020 年）》指出受访者普遍认为公民自身环境行为对保护生态环境很重要，但环保行为的践行程度并不太理想，且地域分布存在不平衡性（王建华、钭露露，2021）。这说明当前节能意识与节能行为存在"知行合一"的缺口。那么，如何有效促进节能意识向节能行为的转化，更好地引导农村居民在"公"领域实施节能行为，对于改善农村人居环境、建设美丽中国意义重大。

现有文献对居民环境意识和环境行为进行了广泛研究。一是对居民环境意识的概念进行界定和分类（王建华等，2020；李亚萍等，2019；王东旭，2018）。本书将节能意识定义为个体对节能认识的总和，具体包括生态价值观、节能态度和节能情感。二是居民"公""私"领域环境行为的研究。一些学者在将环境行为划分为"私"领域环境行为与"公"领域环境行为的基础上对其展开了研究（Hunter et al. ，2004；龚文娟，

2008；滕玉华等，2021；王建华、钭露露，2021）。有学者考察"公"领域环境行为与"私"领域环境行为的影响因素，认为居民"公""私"领域环境行为影响因素存在差异（彭远春，2015；王建华等，2020；滕玉华等，2021）。也有学者对居民在"公"领域与"私"领域实施环境行为的意愿进行分析比较，指出居民"私"领域环境行为实施意愿更高（盛光华等，2020）。三是"公"领域环境行为影响因素的研究。诸多学者研究发现"公"领域不同环境行为的影响因素存在差异。如王建华和钭露露（2021）指出，面子意识能够直接影响居民"公"领域环境行为，也能够通过不同维度的环境认知对其产生间接影响。王玉君和韩冬临（2016）研究表明，经济发展和环境污染交织作用对"公"领域环保行为有显著影响。卢少云和孙珠峰（2018）认为，非电视传媒对公共环保行为具有促进作用。

已有研究为本书的研究提供了良好基础，但仍存在以下不足：首先，现有居民"公"领域环境行为的研究中，对居民节能行为的研究较少，而对农村居民"公"领域节能行为的研究更是鲜见。其次，已有外在因素调节农村居民节能意识与节能行为关系的研究中，较少有研究关注政策因素的调节作用。鉴于此，本书将节能意识和政策因素纳入统一的分析框架，采用江西省农村居民调查数据，分析节能意识对农村居民"公"领域节能行为的影响，以期对引导农村居民节能意识向节能行为的转化提供理论支持。

第二节　理论分析与研究假说

一　节能意识对农村居民"公"领域节能行为的直接影响

价值观—信念—规范理论认为个体生态价值观会影响个体环境行为。众多研究表明生态价值观对个体的环境行为具有重要影响。如：贺爱忠和刘梦琳（2021）认为，生态价值观对城市居民可持续消费行为具有促进作用。曲朦和赵凯（2020）研究发现，生态价值观较强的农户更有可能实施亲环境行为。节能行为也是一种环境行为（岳婷，2014），同样有可能会受到生态价值观的影响。就农村居民"公"领域节能行为而言，持有生态价值观的农村居民会考虑其行为是否对环境造成不利影响，从而更加关心公共领域的资源节约和环境保护情况,在生活中自觉、主动实施"公"领域节能行为的可能性更大。

计划行为理论认为个体态度对个体行为具有重要影响。已有研究也证实居民的态度会影响其节能行为。如:杨君茹和王宇(2018)指出,居民的节能行为态度是影响其节能行为的重要因素。吕荣胜等(2016)研究发现,节能态度能够通过节能意愿对节能行为产生正向影响。一般来说,个体的行为态度评价越积极,倾向越强烈,做出该行为的可能性越大,反之则越小(Bamberg et al.,2007)。因此,对农村居民"公"领域节能行为来说,当农村居民对在公共场所进行节能的评价是正向时,即认为在公众场所随手关灯、多使用节能产品和设备等行为是有利于能源节约的事,就会产生正向的行为态度,就越有可能在"公"领域积极主动地实施节能行为。

人际行为理论认为情感也是影响个体行为重要的前因条件。诸多研究表明节能情感有助于居民实施节能行为。如:王建明(2015)在消费碳减排行为的"情感—行为"双因素检验中发现,环境情感能有效促进居民的消费碳减排行为。对农村居民"公"领域节能行为来说,当农村居民在公共场所做出随手关灯等节约能源的行为受到他人的认同与称赞时,其内心会产生愉悦感,这种愉悦感会激发农村居民在"公"领域更加积极主动地实施节能行为。

基于上述研究,本书假设生态价值观、节能态度和节能情感这3个节能意识维度对农村居民"公"领域节能行为存在显著的影响,研究假设如下:

H1:节能意识对农村居民"公"领域节能行为存在显著的直接影响。

H1a:生态价值观对农村居民"公"领域节能行为存在显著的直接影响。

H1b:节能态度对农村居民"公"领域节能行为存在显著的直接影响。

H1c:节能情感对农村居民"公"领域节能行为存在显著的直接影响。

二 政策因素对节能意识与农村居民"公"领域节能行为关系的调节作用

态度—情景—行为理论指出，个体行为受到政府政策、政策执行力度等外部情景因素的影响。借鉴相关研究（芈凌云、杨洁，2017），本书将政府政策分为自愿参与型政策、经济激励型政策和命令控制型政策三类。诸多研究证实了政策因素（政府政策、政策执行力度）能够增强意识对居民行为的影响。如：俞学燕（2019）研究发现，自愿参与型政策、经济激励型政策、命令控制型政策在行为意愿与城市居民能源消费行为之间起调节作用。滕玉华等（2020）研究表明，节能政策执行力度能调节农村居民节能态度与住宅投资节能行为间的关系。具体到农村居民节能意识与"公"领域节能行为的关系中，就自愿参与型政策而言，政府通过推行自愿参与型政策，加深农村居民对节能行为的了解以及在公共场所实施节能行为所带来的好处，使农村居民有主动在"公"领域进行节能的想法，从而增强农村居民节能意识对"公"领域节能行为的影响。就经济激励型政策而言，推行经济激励型政策不仅可以通过实物鼓励农村居民积极主动在公共场所进行节能，还能让农村居民以更低的价格购买到节能产品，提升农村居民在"公"领域节能的热情和欲望，进而增强农村居民节能意识对节能行为的影响。就命令控制型政策而言，通过命令控制型政策规定农村居民必须在某些公共场合使用节能材料，让他们认识到节能的重要性，从而强化节能意识对节能行为的影响。就政策执行力度而言，当农村居民在公共领域能够执行政府的各类政策时，政策效果也会因此发生改变，节能意识对节能行为影响的程度也会受到影响。因此，本书认为节能意识与农村居民"公"领域节能行为的关系可能受到政府政策（自愿参与型政策、经济激励型政策和命令控制型政策）、政策执行力度的正向调节作用。

据此，本书提出以下假设：

H2：政策因素正向调节节能意识与农村居民"公"领域节能行为之间的关系。

H2a：自愿参与型政策正向调节节能意识与农村居民"公"领域节能行为之间的关系。

H2b：经济激励型政策正向调节节能意识与农村居民"公"领域节能

行为之间的关系。

H2c：命令控制型政策正向调节节能意识与农村居民"公"领域节能行为之间的关系。

H2d：政策执行力度正向调节节能意识与农村居民"公"领域节能行为之间的关系。

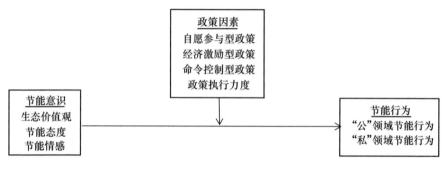

图 5-1 概念模型图

第三节 研究方法

一 数据来源

本书所用数据均来源于课题组 2017 年 10 月—2018 年 6 月在江西省开展的入户调查，采用分层随机抽样方式选取样本，被调查者通过与课题组调查员面对面访谈的方式完成问卷调查，共调查 650 个农村居民，回收有效问卷 602 份，问卷有效率为 92.62%。

二 变量测量

在节能意识量表中，生态价值观主要参考了岳婷（2014）、Stern 等（1999）的研究，以"保护环境"等 3 个题项来测量；节能态度的测量主要改编自劳可夫（2013）、Yang（2016）等的研究，共有 3 个题项，测量题项如："我觉得应该尽量节能"；节能情感（积极情感）主要借鉴了王建明和吴荣昌（2015）的研究，以"看到别人节约能源，我会很赞许"等 3 个题项来测量。农村居民"公"领域节能行为的测量主要借鉴了 Lan

Gao 等（2017）的研究，包括"我会在公共场所（如村委会、公共厕所）节能"等 3 个题项。自愿参与型政策、经济激励型政策和命令控制型政策参考了芈凌云（2011）、岳婷（2014）的研究，题项为"节能产品或节能宣传的小册子会使我更关注节能"等；政策执行力度借鉴了 Hunecke 等（2001）的研究，共有 3 个题项，如"我认为节能政策宣传力度很大"等。各潜变量均采用 Likret7 分量表测量，其中"1"表示完全不同意，"7"表示完全同意。

第四节　结果与分析

一　量表信效度检验

研究采用 stata15.0 软件对变量进行信效度检验，采用内部一致性系数（Cronbach'sα 值）和组合信度（CR）测度各潜变量的内部一致性，各潜变量的信度检验结果如表 5 - 1 所示。由表 5 - 1 可知，各潜变量的 Cronbach's α 值系数介于 0.708—0.905 之间，均大于 0.5；CR 值介于 0.847—0.941 之间，均大于 0.6。这表明量表的内部一致性较好，具有较高可信度。

同时采用标准化因子载荷、组合信度（CR）和平均方差抽取量（AVE）检验收敛效度，检验结果如表 5 - 1 所示。由表 5 - 1 可知，各变量的标准化因子载荷值均大于 0.719，平均抽取方差（AVE）值均大于 0.703，均大于标准值，这说明各潜变量的收敛效度较好，模型内在质量理想。

表 5 - 1　　　　　　　信度和收敛效度检验结果

变量名称	题项	α 值	标准化因子载荷	CR 值	AVE 值
生态价值观（X_1）	3	0.905	0.924	0.941	0.841
			0.935		
			0.891		
节能态度（X_2）	3	0.863	0.897	0.920	0.793
			0.892		
			0.884		

续表

变量名称	题项	α 值	标准化因子载荷	CR 值	AVE 值
节能情感（X_3）	3	0.863	0.930 0.927 0.810	0.920	0.793
自愿参与型政策（M_1）	3	0.788	0.866 0.820 0.829	0.877	0.703
经济激励型政策（M_2）	3	0.708	0.819 0.864 0.729	0.847	0.650
命令控制型政策（M_3）	2	0.761	0.900 0.900	0.895	0.810
政策执行力度（M_4）	3	0.889	0.890 0.934 0.890	0.931	0.819
"公"领域节能行为（Y）	3	0.840	0.903 0.904 0.800	0.903	0.757

采用相关分析检验了各变量间的相互依存关系，结果如表 5-2 所示。同时各变量间的相关系数绝对值均小于对角线上的 AVE 平方根，这说明各变量之间具有良好的区分效度。

表5-2   "公"领域节能行为与各变量之间的相关系数矩阵

	X_1	X_2	X_3	M_4	M_1	M_2	M_3	Y
均值	5.87	6.33	5.61	4.11	5.51	6.16	5.97	4.81
S. D.	1.022	0.802	1.105	1.406	1.067	0.855	1.01	1.536
X_1	0.917							
X_2	0.502 ***	0.891						
X_3	0.567 ***	0.486 ***	0.891					

	X_1	X_2	X_3	M_4	M_1	M_2	M_3	Y
M_4	0.283 ***	0.222 ***	0.233 ***	0.905				
M_1	0.366 ***	0.464 ***	0.376 ***	0.360 ***	0.839			
M_2	0.121 ***	0.385 ***	0.183 ***	0.144 ***	0.445 ***	0.806		
M_3	0.193 ***	0.352 ***	0.240 ***	0.230 ***	0.403 ***	0.538 ***	0.900	
Y	0.367 ***	0.296 ***	0.412 ***	0.310 ***	0.272 ***	0.063	0.196 ***	0.871

注：*** 表示解释变量系数在 1% 的水平上显著。对角线上为 AVE 平方根。

二　节能意识对农村居民"公"领域节能行为影响的主效应检验

为了分析农村居民节能意识对"公"领域节能行为的影响，本书构建了如下多元回归模型：

$$Y = a + a_1 X_1 + a_2 X_2 + a_3 X_3 + \mu_m \qquad (5.1)$$

其中 Y 代表农村居民"公"领域节能行为，a 为常数项，a_i 代表回归系数，X_i 代表节能意识的三个维度，μ_m 代表误差项。首先将所有变量进行中心化处理，然后将农村居民"公"领域节能行为作为因变量，加入节能意识三维度为自变量，探讨节能意识三维度的主效应，分析结果如表 5-3 的模型（1）所示。

表 5-3　　　　主效应及政策因素的调节效应检验结果

变量	"公"领域节能行为	自愿参与型政策	经济激励型政策	命令控制型政策	政策执行力度
	模型（1）	模型（2）	模型（3）	模型（4）	模型（5）
X_1	0.259 ***	0.237 ***	0.263 ***	0.272 ***	0.204 ***
X_2	0.142 *	0.146	0.235 **	0.191 **	0.105
X_3	0.387 ***	0.363 ***	0.388 ***	0.359 ***	0.320 ***
$X_1 * M_i$		0.015	0.036	0.029	0.03
$X_2 * M_i$		0.101	0.157 *	0.298 ***	0.016
$X_3 * M_i$		-0.057	-0.046	-0.075	-0.134 ***

续表

变量	"公"领域节能行为	自愿参与型政策	经济激励型政策	命令控制型政策	政策执行力度
	模型（1）	模型（2）	模型（3）	模型（4）	模型（5）
N	602	602	602	602	602
R^2	0.200	0.209	0.209	0.23	0.249
F 值	49.69 ***	22.38 ***	22.45 ***	25.28 ***	28.11 ***

注：***、** 和 * 分别表示解释变量系数在 1%、5% 和 10% 的水平上显著。

从表 5-3 看，模型（1）的回归结果表明，节能意识三维度对农村居民"公"领域节能行为具有显著的正向影响，假设 1 成立。基于前文理论分析，节能意识对农村居民"公"领域节能行为呈显著正向作用的原因可能是：就生态价值观而言，具有生态价值观的农村居民拥有更强烈的环保道德义务感，越会认为自己应该保护环境，在日常生活中为保护环境而自觉在"公"领域进行节能的可能性越大。就节能态度而言，当农村居民认为在公众场所随手关灯、多使用节能产品和设备等行为是正确的事时，就会对节能行为产生积极的态度，也就会在"公"领域实施节能行为。就节能情感而言，当农村居民在公共场所做出随手关灯等节约能源的行为被他人肯定或赞赏时，其内心会产生愉悦感，这种愉悦感会促使农村居民在"公"领域更加积极主动地实施节能行为。

三 政策因素的调节效应分析

因为解释变量和调节变量都是连续变量，所以本书采用层次回归法来检验调节效应。构建回归模型如下：

$$Y = a + a_1 X_1 + a_2 X_2 + a_3 X_3 + a_i M_i + a_{1i} X_1 M_i$$
$$+ a_{2i} X_2 M_i + a_{3i} X_3 M_i + \mu_m \quad (5.2)$$

其中，M_i 代表政府政策，$X_j M_i$ 代表政策因素 M_i 对 $X_j - Y$ 关系的调节效应，如 $X_1 M_1$ 表示自愿参与型政策对生态价值观—节能行为关系的调节效应，μ_m 代表误差项。在层次回归中，首先，不考虑政策因素，仅将节能意识三维度纳入模型并分析其主效应；其次，将节能意识、政策因素、节能意识三维度和政策因素的交互项均纳入模型中，考察不同类型政策工具和政策执行力度的调节效应。与前文类似，进行层次回归前对所有变量进行中心化处理。分析结果如表5-3的模型（2）至模型（5）所示。

政府政策对农村居民节能意识—"公"领域节能行为关系的调节效应结果如表5-3所示。由表5-3的模型（2）至模型（4）可知，经济激励型政策、命令控制型政策对农村居民节能态度与"公"领域节能行为间的关系有正向调节作用。其原因可能是：从经济激励型政策的角度分析，当农村居民受到经济激励型政策的影响时，他们不仅能够以更低的价格购买到既环保又实用的优质产品，还会因为在公共场所实施节水节电等行为而受到村委会的奖励与表扬。因此，农村居民就会有意识地在"公"领域多实施节能行为，节能意识对节能行为的影响也就会因经济激励型政策的作用而得到增强。从命令控制型政策的角度分析，当政府有关政策强制农村居民需要在公共场所实施节能行为时，如果不遵守相关政策的规定，农村居民将会面临罚款而损失钱财或在村内被通报批评而丢掉面子的风险，为了避免这些情况的出现，农村居民会有意识在"公"领域实施节能行为。因此，命令控制型政策也就能正向调节节能意识对农村居民"公"领域节能行为的影响。

表5-3模型（5）结果可知，政策执行力度负向调节农村居民节能情感与"公"领域节能行为之间的关系，这一结论说明，在农村居民基于积极的节能情感而主动实施"公"领域节能行为的过程中，政策执行力度反而会阻碍这一行为的产生。原因可能是：根据认知评价理论，外部环境条件会削弱个体内部动机，从而阻碍个体行为的产生。因此，当农村居民认为节能政策宣传力度很大时，反而会削弱该群体的积极节能情感，导致他们可能认为实施"公"领域节能行为是因为良好的政策宣传力度而不是自身的积极节能情感，从而阻碍"公"领域节能行为的产生。

第五节　研究结论与政策启示

一　研究结论

农村居民是农村生活能源消费的主体，其日常用能行为会影响农村的生态环境。引导农村居民在"公"领域实施节能行为是推进美丽乡村建设的关键。本书采用江西省农村居民的调研数据，分析农村居民节能意识对"公"领域节能行为的影响，得出以下结论：（1）从节能意识三维度来看，生态价值观、节能态度和节能情感均对农村居民"公"领域节能行为有影响。（2）从政策因素来看，政府政策（自愿参与型政策、经济激励型政策和命令控制型政策）、政策执行力度对农村居民节能意识——"公"领域节能行为关系的调节效应有显著差异。其中，自愿参与型政策在农村居民节能意识对"公"领域节能行为的影响中不具有调节作用；经济激励型政策与命令控制型政策对农村居民节能意识转化为"公"领域节能行为具有正向调节作用；政策执行力度负向调节农村居民节能情感与"公"领域节能行为之间的关系。

二 政策启示

基于上述研究结论，提出如下政策建议：（1）政府要加强节能环保的宣传，增强农村居民的节能意识。具体来说，政府可以通过主题教育和公益宣传片等形式告知农村居民在"公"领域实施节能行为的好处，引导农村居民树立正确的生态价值观，强化农村居民的情感调控能力和节能态度，以促进农村居民节能意识向"公"领域节能行为转化。（2）政府在制定节能相关政策的过程中，应该注重政策工具对引导农村居民节能意识向节能行为转化的积极作用，尤其是命令控制型政策和经济激励型政策的作用，同时也应注意到政策在引导农村居民实施节能行为过程中的局限性，如政策执行力度可能会削减农村居民实施"公"领域节能行为的可能性。

第六章

心理因素联动对农村居民"公"领域节能行为的影响研究

第一节 引言

引导农村居民实施节能行为是改善农村人居环境、建设美丽中国的关键。《农村人居环境整治提升五年行动方案（2021—2025 年）》提出要强化农村人居环境领域节能节水降耗。根据行为实施的场所不同，节能行为可分为"公"领域节能行为和"私"领域节能行为。2008 年国务院颁发的《关于深入开展全民节能行动的通知》中明确指出，"公共场所应关闭不必要的夜间照明"。可见，农村居民在"公"领域节能是全民节能的一个重要组成部分。《公民生态环境行为调查报告（2021 年）》研究发现，约 55.6% 的居民在"公"领域的环境行为较少，而这个比例在农村地区则更高。因此，引导农村居民在"公"领域实施节能行为对推进全民节能、改善农村人居环境来说尤为重要。理论上，心理因素对农村居民"公"领域环境行为具有重要影响。那么，多个心理因素的联动是否会对农村居民节能行为产生影响？这种联动组合又是怎样影响农村居民"公"领域节能行为的？对这些问题的回答能够为进一步探究节能环境行为的影响因素提供新的思路和方向。

现有关于居民环境行为的研究主要集中在以下三个方面，一是关于居民环境行为的分类。有学者根据实施场所的不同，将环境行为划分为"公"领域环境行为与"私"领域环境行为（滕玉华等，2021；王建华、钭露露，2021）。二是农村居民"公"领域和"私"领域环境行为影响因素的研究。学者研究发现影响农村居民"公"领域和"私"领域环境行为的因素存在差异。如王建华等（2020）发现环境态度仅有利于农村居民在"公"领域实施亲环境行为，而个体责任意识仅促进农村居民"私"领域环境行为的发生。三是农村居民"私"领域节能行为影响因素的研究。诸多学者发现环境责任感、环境意识、节能意愿、个人规范、生态价值观、情感等心理因素是影响农村居民"私"领域节能行为的重要因素（吕荣胜等，2016；李世财等，2020；滕玉华等，2020）。

已有研究为本书奠定了良好的基础，但仍存在扩展的空间。首先，现有关于农村居民节能行为影响因素的研究主要集中在"私"领域，研究"公"领域的文献较少。其次，已有研究心理因素对农村居民节能行为影响的文献，主要考察单个心理因素的"净效应"。农村居民节能行为是一种复杂行为，现有研究发现心理因素是影响农村居民节能行为的关键因素，这些心理因素可能存在"联合效应"，而考察心理因素联动对农村居民节能行为影响的文献很少，研究心理因素联合作用于农村居民"公"领域节能行为的文献更是鲜见。定性比较分析方法（QCA）能够较为清晰地揭示多个影响因素对结果变量的组态效应，并探究不同组态间的复杂因果关系（杜运周、贾良定，2017）。

鉴于此，本书基于 QCA 方法，采用国家生态文明试验区——江西省的调查数据，探讨节能意愿、节能责任感、环境意识、个人规范、生态价值观和行为愧疚感的心理因素联动对农村居民"公"领域节能行为的影响，以期为更好地引导农村居民在"公"领域实施节能行为提供新视角。

第二节　理论分析

计划行为理论认为行为意愿是影响个体行为的直接决定因素。诸多学者的研究也证实了环境行为意愿与环境行为之间存在显著的正相关关系。如芈凌云等（2016）认为，低碳行为意愿是影响城市居民实施低碳化能源消费行为的直接心理变量。杨君茹和王宇（2018）研究发现，城镇居民的节能意愿是影响其在家庭中实施节能行为的最直接因素。滕玉华等（2020）研究表明，能源削减意愿越强的农村居民越有可能在生活中实施能源削减行为。因此，节能意愿越强的农村居民，越愿意为了节能付出时间和精力，也就越会在"公"领域实施节能行为。

负责任的环境行为理论指出，个体责任感能直接影响个体的亲环境行为。一些学者的研究证实了责任感对居民亲环境行为的实施有显著影响，如郭清卉等（2020）研究发现，具有较强环境责任感的农户会实施更多的亲环境行为；滕玉华等（2021）研究得出，节能责任感会显著影响农村居民"公""私"领域节能行为正向一致和负向一致。课题组实地调研发现，节能责任感越强的农村居民越可能在"公"领域节能。因此，本书认为节能责任感可能会影响农村居民"公"领域节能行为。

意识是驱动个体行为的重要内在因素（王建明，2013）。有研究表明，居民的环境意识会影响其环境行为（王建华等，2020；王建明，2013）。农村居民"公"领域节能行为是一种环境行为，也会受到环境意识的内在驱动。具体来说，农村居民的环境意识越强，对环境保护越认可，越可能通过在"公"领域实施节能行为来达到保护生态环境的目的。由此可见，环境意识可能是影响农村居民"公"领域节能行为不可或缺的变量。

规范激活理论认为，个人规范是个体实施行为的动力。个人规范指个体自身对于"做正确的事"的道德责任感，是个体内心的行为准则（Schwartz，1973）。就农村居民而言，在"公"领域节能被视为保护生态环境的一种正确行为，当农村居民具备"公"领域节能的个人规范时，在"公"领域节能会使农村居民产生自己保护农村生态环境的自豪感，而没有节能的农村居民可能会产生内疚感，从而促使农村居民在"公"领域实施节能行为。当然，现有有关个人规范与居民环境行为的文献也佐证了这一点，如张郁和万心雨研究认为，个体规范被激活的城市居民更容易参与垃圾分类（张郁、万心雨，2021）。综上所述，本书认为个人规范可能对农村居民"公"领域节能行为有影响。

价值观—信念—规范理论认为生态价值观会影响个体环境行为。诸多研究也证实了生态价值观对农村居民亲环境行为具有显著正向作用。滕玉华等（2017）研究表明，生态价值观有助于促进农村居民实施清洁能源应用行为。课题组通过实地调研发现，影响农村居民"公"领域节能行为的价值观主要是生态价值观，即具有生态价值观的农村居民会考虑自身行为是否会破坏当地生态环境，而节能行为符合其环保行为要求，可能会刺激其在"公"领域中实施节能行为。因此,本书认为生态价值观可能会影响农村居民"公"领域节能行为。

情感是个体行为的动机,在个体行为决策时发挥重要作用(Stern 等,1999)。环境情感指个体对于环境问题或行为是否满足自己的需要而产生的一种心理反应(王国猛等,2010)。行为愧疚感是环境情感的一种形式,也会对个体环境行为产生影响。已有研究验证了行为愧疚感与个体环境行为之间的关系(Bamberg and Möser,2007)。就农村居民"公"领域节能行为而言,当农村居民主观意识上感到在公共场所不节能的行为令人感到羞耻,为了避免这种消极情绪的蔓延对身心的不适,农村居民可能会在"公"领域实施节能行为。基于此,本书认为行为愧疚感可能会对农村居民"公"领域节能行为产生影响。

第三节 材料与方法

一 研究方法

定性比较分析法(QCA)将每个案例视为不同条件的集合,通过分析集合间的隶属关系,探讨前因条件如何组合使特定结果发生。就农村居民"公"领域节能行为而言,采用 QCA 方法进行分析有以下两点优势:(1)传统的回归方法只能验证单一心理因素对农村居民节能行为的净效应,然而从理论上分析,农村居民节能行为的发生是多种心理因素共同发挥作用的结果。利用 QCA 方法能够较好地解释多重因素并发的因果关系。(2)导致农村居民"公"领域节能行为和非"公"领域节能行为的原因可能是不同的。比如当农村居民的节能意愿较强时,其可能在"公"领域实施节能行为,但弱节能意愿并不一定使农村居民非"公"领域节能行为不发生,而采用 QCA 方法能够体现这种非对称性。

QCA 方法中较为常用的两种方法为清晰集定性比较分析法(csQCA)和模糊集定性比较分析法(fsQCA)。本书使用 fsQCA 进行分析,其原因是:相较于 csQCA,fsQCA 以模糊集为基础,能够将数据校准为 0—1 之间连续的模糊集隶属分数,考察复杂的心理因素对于农村居民"公"领域节能行为的细微影响,结果的精准性较高。

二　数据来源

数据源自课题组 2017 年 10 月—2018 年 6 月在国家生态文明试验区——江西省农村地区的实地调研。利用分层随机抽样技术进行选取，共发放问卷 650 份，收回有效问卷 602 份，问卷有效率为 92.62%。问卷内容涵盖农村居民的人口统计特征、"公"领域节能行为和心理因素等，其中从性别上看，男性受访者占比约为 49.09%，女性受访者比例约为 50.91%。依据《江西省统计年鉴（2017）》，2016 年江西省男女占比分别为 51.30% 和 48.70%，因此本书所使用样本具有一定的代表性。此外，QCA 方法要求案例数量需覆盖所有前因条件组合的情况，即样本数至少为 2^{n+1} 个（n 为条件变量个数，本书为 6），602 个样本已满足这一比例关系，可以确保研究结果的真实可靠性。

三　变量选取及校准

（一）变量选取

结果变量：本书的结果变量设置为农村居民"公"领域节能行为，该变量的测量借鉴 Gao 等（2017），由 4 个题项构成，题项为"我会在上班的地方节能"等。

条件变量：条件变量选取了节能意愿、节能责任感、环境意识、个人规范、生态价值观和行为愧疚感 6 个变量，具体说明如下：（1）节能意愿的测量参考 Ajzen（1991）、Stern 等（1999），设置 2 个题项，题项为"今后我愿意成为节能宣传的志愿者"等。（2）节能责任感的测量改编自 Dunlap 等（2000）的量表，设计了 3 个题项，题项为"我有义务节约能源，减少碳排放"等。（3）环境意识的测量参考王建明（2013），由 4 个题项组成，题项为"能源消耗是导致环境问题的一个主要因素"等。（4）个人规范的测量借鉴 Bamberg 等（2007），设置 3 个题项，题项为"我节能的目的是保护环境"等。（5）生态价值观的测量参考岳婷（2014），设计了 3 个题项，题项为"我希望在日常行为中能做到'保护环境'"等。（6）行为愧疚感。借鉴 Onwezen 等（2013）、王建明（2013），设置 3 个题项，题项为"如果我不节约能源，我会感到很差耻"等。以上潜变量的测量均采用李克特 7 级量表，其中"1"代表完全不同意，"7"代表完全同意。具体测量题项如表6-1所示。

表6-1 各潜变量测量题项及量表来源

潜变量	测量题项	量表来源
"公"领域 节能行为	我会在上班的地方节能	Gao 等（2017）
	我在上班的地方会从事节能活动	
	我会尽力在上班的地方节能	
	我会在公共场所（如村委会、公共厕所）节能	
节能意愿	今后我愿意成为节能宣传的志愿者	Ajzen（1991）； Stern 等（1999）
	明年我会参加"地球一小时"全球熄灯活动	
节能责任感	我有义务节约能源，减少碳排放	Dunlap 等（2000）
	我愿为节能做出贡献	
	为了节能，我愿意牺牲一些个人利益	
	看到有人做出有损环境的行为，我会主动劝阻	
环境意识	能源消耗是导致环境问题的一个主要因素	王建明（2013）
	急需解决能源消耗造成的环境污染问题	
	我非常担忧能源消耗所带来的环境问题	
	能源消耗会对全球气候产生负面影响	
个人规范	我节能的目的是保护环境	Bamberg 等（2007）
	我计划通过节能来保护环境	
	为了保护环境，我每天都会节能	
生态价值观	我希望在日常行为中能做到"保护环境"	岳婷（2014）
	我希望在日常行为中能做到"防止污染"	
	我希望在日常行为中能做到"与自然和谐相处"	
行为愧疚感	如果我不节约能源，我会感到很羞耻	Onwezen 等（2013）； 王建明（2015）
	如果我不节约能源，我会感到很内疚	
	如果我不节约能源，我会感到很痛心	

（二）变量校准

模糊集校准。首先对潜变量对应量表题项取均值，接着采用锚点法将各潜变量的均值转变为0—1之间的隶属分数，1表示完全隶属，0表示完全不隶属，0.5为交叉点。锚点法需要确认三个定性锚点，借鉴杜运周、贾良定（2017）的做法，本书将样本中的上四分位数（75%）、中位数和下四分位数（25%）分别设置为完全隶属、交叉点和完全不隶属的校准锚点，具体选取数值见表6-2。

表6-2 结果变量及前因条件校准与描述性统计

结果变量及前因条件	校准锚点			描述性统计分析			
	完全隶属	交叉点	完全不隶属	平均值	最小值	最大值	标准差
"公"领域节能行为	6	5	4	4.871	1	7	1.539
节能意愿	6	4.5	4	4.624	1	7	1.733
节能责任感	6	5.375	4.75	5.284	1.5	7	1.08
环境意识	6.5	5.75	5	5.643	2.25	7	1.004
个人规范	6	5	4	4.865	1	7	1.343
生态价值观	6.667	6	5	5.872	2	7	1.022
行为愧疚感	5.333	4.667	3.667	4.472	1	7	1.443

第四节 结果与分析

一 共同方法偏误检验

本书利用 Harman 单因子法检验，即在尚未旋转下对问卷所有条目进行探索性因子分析。共生成 7 个因子，其中第一因子占总载荷的 35.44%，未超过标准的 40%，其他因子在 3.73%—9.06% 之间，说明本书的问卷数据无明显的共同方法偏误情况。

二 信效度分析

利用 Stata16 对书中涉及的潜变量进行信度和效度分析（表6-3）。各潜变量的 Cronbach's α 值均高于 0.772，说明各测量题项的内在信度较好。除节能意愿的 KMO 值为 0.500 以外，其余潜变量的 KMO 值在 0.699—0.829 之间，组合信度（CR）值皆大于 0.862，表明量表拥有较好的聚合效度。

表6-3 测量题项及信效度检验结果

潜变量	测量题项	KMO值	α值	AVE	CR
"公"领域节能行为	JN1	0.829	0.897	0.765	0.929
	JN2				
	JN3				
	JN4				
节能意愿	YY1	0.500	0.829	0.855	0.922
	YY2				
节能责任感	ZR1	0.699	0.772	0.610	0.862
	ZR2				
	ZR3				
	ZR4				
环境意识	YS1	0.787	0.810	0.645	0.879
	YS2				
	YS3				
	YS4				
个人规范	GF1	0.725	0.861	0.784	0.916
	GF2				
	GF3				
生态价值观	JZ1	0.739	0.905	0.841	0.941
	JZ2				
	JZ3				
行为愧疚感	KJ1	0.753	0.935	0.886	0.959
	KJ2				
	KJ3				

通过计算平均抽取方差值（AVE）检验量表的区分效度，结果表示各因子AVE值均大于0.610，符合效度要求。此外，由表6-4可以看出，各潜变量对角线上的值都超过其与其他变量之间的相关系数，表明区分效度良好。因此，本书使用的量表建构效度良好。

表 6-4 区分效度检验结果

变量	节能意愿	节能责任感	环境意识	个人规范	生态价值观	行为愧疚感
节能意愿	0.925					
节能责任感	0.517	0.781				
环境意识	0.399	0.541	0.803			
个人规范	0.467	0.625	0.533	0.885		
生态价值观	0.351	0.544	0.548	0.542	0.917	
行为愧疚感	0.435	0.526	0.384	0.515	0.467	0.941

注：对角线上为各变量的 AVE 值的平方根。

三 必要性分析

根据 Ragin（2000）的建议，将必要性的一致性临界值设置为 0.9，若条件变量的一致性分数大于临界值，则表示该条件是必要的或者近似必要的。利用 fsQCA 3.0 软件得出条件变量必要性的一致性分数，如表 6-5 所示，可知单个条件的一致性均小于 0.9，因此不存在农村居民"公"领域节能行为或非"公"领域节能行为的必要条件。

表 6-5 单个条件必要性分析

条件变量	结果变量	
	"公"领域节能行为	非"公"领域节能行为
节能意愿	0.693	0.404
~节能意愿	0.401	0.702
节能责任感	0.681	0.398
~节能责任感	0.411	0.705
环保意识	0.648	0.445
~环保意识	0.451	0.666
个人规范	0.683	0.403
~个人规范	0.429	0.722
生态价值观	0.692	0.467
~生态价值观	0.420	0.658
行为愧疚感	0.671	0.394
~行为愧疚感	0.417	0.705

注：~表示逻辑"非"。

四 组态分析

借鉴杜运周和贾良定（2017）的做法，保留 75% 比例的观察案例，并将原始一致性临界值设置为 0.8，PRI 一致性阈值设定为 0.7，针对筛选后的前因条件构型进行下一步分析。在节能意愿、节能责任感等心理因素共同作用下，对引致农村居民"公"领域节能行为有影响的条件变量进行定性比较分析。得到农村居民"公"领域节能行为的 3 条路径和农村居民非"公"领域节能行为的 2 条路径。如表 6 - 6 所示，每条路径的一致性均高于 Schneider 和 Wagemann（2012）建议的 0.75 的门槛值。总体而言，对于"公"领域节能行为，一致性和覆盖度分别为 0.860 和 0.402；对于非"公"领域节能行为，这两个值为 0.872 和 0.396，表明整体方案一致性较好。组态 1—3 的总体覆盖度为 0.402，解释了约 40.2% 的农村居民"公"领域节能行为发生的原因；同样的，组态 4 和组态 5 的总体覆盖度为 0.396，解释了约 39.6% 的农村居民非"公"领域节能行为发生的原因。

表 6 - 6 产生"公"领域节能行为、非"公"领域节能行为的组态

条件	"公"领域节能行为			非"公"领域节能行为	
	1	2	3	4	5
节能意愿	●	●	●	⊗	▲
节能责任感	●	●		⊗	
环境意识	●	▲	★		●
个人规范			●	⊗	⊗
生态价值观	▲	●	★	⊗	⊗
行为愧疚感	●	●	●	⊗	⊗
一致性	0.844	0.889	0.873	0.884	0.873
原始覆盖度	0.124	0.127	0.327	0.380	0.123
唯一覆盖度	0.028	0.041	0.211	0.274	0.017
总体一致性	0.860			0.872	
总体覆盖度	0.402			0.396	

注："●"表示核心前因条件存在，"★"表示辅助前因条件存在；"⊗"表示核心前因条件缺失，"▲"表示辅助前因条件缺失，空格表示条件可存在也可不存在。

1. "公"领域节能行为驱动机制分析

由表6-6可知，导致农村居民"公"领域节能行为发生的组态路径有以下3种。

(1) 组态1 (节能意愿×节能责任感×环境意识×～生态价值观×行为愧疚感) 指出，高节能意愿、高节能责任感、高环境意识和高行为愧疚感为核心条件，低生态价值观为边缘条件的心理因素能够引发农村居民在"公"领域节能。表明当农村居民缺乏生态价值观时，拥有节能意愿、节能责任感、环境意识和行为愧疚感也能促使其在"公"领域实施节能行为。可能的原因是，在"公"领域，农村居民会意识到节约能源有利于改善环境和提高自己在村集体中的声望，并且其认为自身对于没有节能而导致的环境问题负有责任，如果日常不节能，就会产生愧疚感，这种愧疚感使得农村居民感到不安，进而促使农村居民产生节约能源的意愿，并最终付诸行动，即在公共场所节水节电等。

(2) 组态2 (节能意愿×节能责任感×～环境意识×生态价值观×行为愧疚感) 指出，高节能意愿、高节能责任感、强生态价值观和高行为愧疚感为核心条件，互补低环境意识为边缘条件的心理因素能够驱动农村居民的"公"领域节能行为。表明拥有节能意愿、生态价值观、节能责任感以及行为愧疚感但缺少环境意识的农村居民能激发其在"公"领域的节能行为。这可能是因为缺乏环境意识时，具有生态价值观的农村居民也能表现出对环境的关心，将节能等环境行为作为自己的一份责任，如果没有在"公"领域节约能源，则农村居民的内心会感到愧疚，这种消极情绪使其产生强烈的节能意愿，最终促使其节能行为的发生。

(3) 组态3 (节能意愿×环境意识×个人规范×生态价值观×行为愧疚感) 指出，节能意愿、个人规范和行为愧疚感发挥核心作用，辅之以环境意识和生态价值观的心理因素，促使农村居民"公"领域节能行为的发生。此路径表明无论农村居民节能责任感的强弱，只要拥有节能意识和生态价值观，且对于没有采取节能措施而导致的生态环境问题有强烈愧疚感，个人规范激活程度高的农村居民具备较强的节能意愿，农村居民就会在"公"领域实施节能行为。

2. 非"公"领域节能行为驱动机制分析

本书也检验了驱动农村居民非"公"领域节能行为的心理因素组合，农村居民非"公"领域节能行为发生的路径有 2 条。由表 6－6 可得，组态 4（～节能意愿×～节能责任感×～个人规范×～生态价值观×～行为愧疚感）表明当农村居民的节能意愿、节能责任感、个人规范、生态价值观和行为愧疚感都较低时，其不会在"公"领域实施节能行为，说明农村居民在"公"领域节能需要心理因素的驱动。组态 5（～节能意愿×环境意识×～个人规范×～生态价值观×～行为愧疚感）表示高环境意识、低个人规范、低生态价值观和低行为愧疚感作为核心条件，低节能意愿作为边缘条件时，农村居民同样不会在"公"领域节约能源，这说明农村居民即使有环境意识，但其不会意识到在"公"领域浪费能源的行为与自己的生产和生活息息相关，因此农村居民也不会在"公"领域进行节能。

3. 组态间横向对比分析

从驱动农村居民"公"领域节能行为的 3 条组态路径来看，第一，横向对比 3 条组态路径可以发现，节能意愿和行为愧疚感在 3 条组态路径中均为核心条件，说明节能意愿和行为愧疚感是驱动农村居民"公"领域节能行为发生的充分条件。一方面，有强烈节能意愿的农村居民已经考虑节约能源，因此能较为容易地转化为"公"领域节能行为；另一方面，拥有行为愧疚感的农村居民没有在公开场所节约水电时，尤其是被周围的人注意到时，其内心会感到羞耻，觉得自己的行为有愧于其身份，进而农村居民在"公"领域实施节能行为的可能性就较高。然而节能意愿与行为愧疚感均不是激发农村居民"公"领域节能行为的充分必要条件，说明意愿转到行为还有一定的距离，且仅有情感并不足以驱动该行为的发生，农村居民"公"领域节能行为的发生是农村居民复杂心理过程作用的结果。第二，从相似的组态关系来看，组态 1 和组态 2 的不同之处在于农村居民的环境意识和生态价值观，在农村居民的节能意愿、节能责任感和行为愧疚感的作用下，其环境意识与生态价值观具有等效替代作用。实际上环境意识包含环境知识、环境态度和生态价值观等多个因素（刘文兴等，2017），农村居民环境意识的产生并不一定意味着其生态观念的改善，也有可能是增加了对于环境的认知，这同样能驱使农村居民在"公"

领域节约能源。

从驱动农村居民非"公"领域节能行为的2条组态路径来看，仅有环境意识或者无心理因素的作用并不足以促使农村居民"公"领域节能行为的发生，这说明农村居民内心的变化对其"公"领域节能行为有较大的影响，也进一步说明了农村居民"公"领域节能行为的发生是多个心理因素作用的结果。

对比农村居民"公"领域节能行为和非"公"领域节能行为的发生路径可以得出，影响农村居民"公"领域节能行为与非"公"领域节能行为的心理因素具有非对称性，即3条"公"领域节能行为的发生路径并不是2条非"公"领域节能行为的对立面。如组态1中农村居民的环境意识与节能意愿、节能责任感和行为愧疚感的共同作用能促使农村居民在"公"领域节约能源；而组态5中农村居民仅有环境意识，只会导致其非"公"领域节能行为的发生。

五 稳健性检验

本书对农村居民"公"领域节能行为、非"公"领域节能行为的前因组态进行稳健性检验。参考张明和杜运周（2019），将原始一致性阈值提高至0.85，结果如表6-7所示，与表6-6对比可知，农村居民"公"领域节能行为、非"公"领域节能行为的发生组态基本一致，表明本书的研究结果较为稳健。

表6-7 稳健性检验结果

条件	"公"领域节能行为			非"公"领域节能行为	
	1	2	3	1	2
节能意愿	●	●	●	⊗	⊗
节能责任感	●	●		⊗	
环境意识	●	▲	★		●
个人规范			●	⊗	▲
生态价值观	▲	●	★	⊗	⊗
行为愧疚感	●	●	●	⊗	▲

续表

条件	"公"领域节能行为			非"公"领域节能行为	
	1	2	3	1	2
一致性	0.844	0.889	0.873	0.884	0.873
原始覆盖度	0.124	0.127	0.327	0.380	0.123
唯一覆盖度	0.028	0.041	0.211	0.274	0.017
总体一致性	0.860			0.872	
总体覆盖度	0.402			0.396	

注:"●"表示核心前因条件存在,"★"表示辅助前因条件存在;"⊗"表示核心前因条件缺失,"▲"表示辅助前因条件缺失,空格表示条件可存在也可不存在。

第五节　研究结论与政策启示

一　研究结论

本书基于国家生态文明试验区(江西)农村地区的调查数据,采用模糊集定性比较分析法(fsQCA)探讨节能意愿、节能责任感、环境意识、个人规范、生态价值观和行为愧疚感6个心理因素的联动匹配对农村居民"公"领域节能行为的影响,得出以下结论:(1)驱动农村居民"公"领域节能行为发生的前因条件具有复杂性,需要多个心理因素的共同作用。(2)农村居民"公"领域节能行为发生的组态路径有3条,其中强烈的节能意愿和行为愧疚感是农村居民"公"领域实施节能行为的重要心理因素,在节能意愿、节能责任感和行为愧疚感的作用下,环境意识和生态价值观有等效替代作用。(3)农村居民非"公"领域节能行为发生的组态路径有2条,当农村居民无心理因素或只有环境意识时,不会在"公"领域节能,且农村居民非"公"领域节能行为与"公"领域节能行为的发生路径存在非对称性。

二　政策启示

根据以上研究结论,得出如下启示:(1)为了引导农村居民在"公"领域实施节能行为,除了单独考虑每个心理要素的边际效应外,更需要综合考察不同心理要素所构成组合的影响。政府应基于整体视角,因地制宜地制定"公"领域节能引导政策，形成差异化的驱动农村居民"公"领域节能行为的实现路径。（2）农村居民的心理因素存在替代关系的情况下，可以从其他心理因素入手，如在整体缺乏生态价值观的农村地区，可以尝试宣传节约能源有助于保护环境以及宣传国家节能政策对于全民节能的重视，培养农村居民的环境意识，进而促使其在"公"领域实施节能行为。（3）在大部分农村居民尚未形成节能责任感的地区，政府可通过举办各类节能知识的有奖问答活动，并且村干部带头在公共场所随手关灯等形成示范效应，以提高该地区农村居民的个人规范、节能意愿以及行为愧疚感，同时辅之以环境意识和生态价值观的培养，引导其在"公"领域节能。

第三篇

农村居民生活自愿亲环境行为研究

根据亲环境行为的主动和被动特征，亲环境行为分为内源（自愿）亲环境行为和外源（被迫）亲环境行为。农村居民是生态宜居美丽乡村建设的主体，引导农村居民在生活中自愿实施亲环境行为是美丽乡村建设的关键。本篇从行为主动的视角，探究农村居民自愿亲环境行为的发生机制。

第 七 章

代际传承对农村居民生活
自愿亲环境行为的影响研究

第一节 引言

通过代际传承引导农村居民在生活中自愿实施亲环境行为是建设美丽乡村的重要路径。《"美丽中国，我是行动者"提升公民生态文明意识行动计划（2021—2025 年）》提出"生活方式绿色转型""引导公众自觉履行环境保护责任"。可见，引导居民在生活中自觉主动实施亲环境行为是建设美丽中国的关键。理论上，父辈通过言传身教能对子辈的行为产生影响，已有研究也证实了代际传承会影响居民亲环境行为。此外，居民亲环境行为会受到心理因素的影响。在中国传统孝道文化的影响下，孝道态度强的居民出于对父辈的孝顺，会支持和学习父辈的亲环境行为。事实上，生态价值观也是影响居民生活亲环境行为的重要因素。农村居民是农村生态环境保护的主体，代际传承是否也会影响农村居民在生活中自愿实施亲环境行为？生态价值观、孝道态度对农村居民在生活中自愿实施亲环境行为又有何影响？回答这些问题对建设美丽乡村具有重要的现实意义。

关于居民亲环境行为的研究主要集中在四方面：一是对居民亲环境行为概念进行界定和分类。根据动机的不同，芦慧等（2020）将居民亲环境行为分为内源性亲环境行为和外源性亲环境行为。本书研究的农村居民生活自愿亲环境行为是指农村居民受内心驱动的影响，自觉主动地在生活中实施有利于环境保护的行为，例如垃圾分类、节水节电等。

二是代际传承对居民亲环境行为影响的研究，一些学者研究发现代际传承会影响城市居民亲环境行为。如：青平等（2013）研究发现，父辈言传与身教对城市居民子辈的绿色产品购买态度具有正向作用；龚思羽等（2020）认为，父辈言传身教与生态知识能够显著正向影响城市居民子辈的绿色消费行为。三是居民亲环境行为城乡差异的研究，现有研究表明城市居民和农村居民在亲环境行为上有较大差异。如：蒋婷婷（2019）认为，城市居民相较于农村居民，更愿意实施亲环境行为；顾海娥（2021）研究发现，城市居民的环境行为实施情况优于农村居民。四是城市居民内外源亲环境行为的影响因素的研究，学者研究发现城市居民内外源亲环境行为的影响因素存在差异。如：芦慧等（2020）研究表明，工具性环保动机对居民的外源亲环境行为产生影响，而自利性环保动机对居民的内源亲环境行为产生影响。

综上所述，已有研究为本书奠定了良好的基础，但仍存在以下不足：第一，已有关于代际传承对居民亲环境行为的研究多以城市居民为研究对象，较少关注农村居民。第二，已有居民亲环境行为的研究主要集中于考察居民内外源亲环境行为影响因素的差异，但研究居民生活自愿亲环境行为的文献还很缺乏。鉴于此，本书将代际传承和心理因素中的生态价值观、孝道态度纳入统一的分析框架，采用国家生态文明试验区（江西省）593个农村居民的调查数据，探讨代际传承对农村居民生活自愿亲环境行为的影响，以期为更好地建设美丽乡村提供参考。

第二节 理论基础与研究假设

代际传承是指在家庭中上一代通过言传身教将价值观、行为等传递给下一代的现象。社会学习理论认为，在同一家庭环境中，子辈会将父辈作为言行的榜样，并通过观察和模仿习得与父辈相同或相似的行为。有研究表明，代际传承会对个体亲环境行为产生影响。如龚思羽等（2020）发现，代际传承能正向影响居民的绿色消费行为。对农村居民生活自愿亲环境行为来说，代际传承可能会从两方面推动农村居民在生活中自愿实施亲环境行为。一方面，父辈所具备的生态知识诸如沼气的作用、对生活垃圾进行堆肥处理等能够通过日常生活的各个环节传递给子辈，子辈在理解和接受的过程中也逐渐自觉践行亲环境行为（龚思羽等，2020）。另一方面，父辈身教体现了父辈能够通过示范效应对子辈进行潜移默化的教育。当子辈频繁观察到其父辈在日常生活中实施的亲环境行为时，如节电行为、一水多用行为，子辈也会效仿父辈在生活中自愿实施亲环境行为。因此，提出以下假设：

H1 代际传承正向影响农村居民生活自愿亲环境行为。

H1a 父辈生态知识正向影响农村居民生活自愿亲环境行为。

H1b 父辈身教正向影响农村居民生活自愿亲环境行为。

代际传承理论认为父辈的价值观念可以在代际之间传承，已有研究也证实该观点，如徐岚等（2010）认为子辈通过代际传承能继承父辈的消费价值观。具体到农村居民生活自愿亲环境行为中，在父辈生态知识与生态价值观的关系中，父辈能够将蕴含生态价值观的知识传递给子辈，子辈通过学习掌握生态价值观的具体内涵，逐渐形成与父辈相似的生态价值观；在父辈身教与生态价值观的关系中，父辈作为子辈的学习榜样，能够在潜移默化中将环境友好的生态价值观付诸实践，通过言传身教影响子辈，而子辈通过观察学习，逐渐拥有和父辈高度一致的生态价值观。基于以上分析，提出如下假设：

H2 代际传承对生态价值观具有正向影响。

价值观—信念—规范理论认为生态价值观对个体环境行为有影响。诸多研究也表明，生态价值观会影响个体亲环境行为，如王世进和周慧颖（2019）认为，生态价值观对个体生态消费行为有正向影响；曲朦和赵凯（2020）研究发现，生态价值观较强的农户在农业生产中更愿意实施亲环境行为。生态价值观会使个体对环境问题有更深的思考，由此引发的后果意识和环境责任归因的信念会使其产生环境责任感，进而形成积极的环境行为。就农村居民生活亲环境行为而言，生态价值观越强的农村居民在生活中会更关心环境，也更容易认识到不实施亲环境行为所带来的后果（如农村环境"脏乱差"、水体富营养化、河道污染等问题），因此更可能会在生活中自愿实施亲环境行为。综上所述，本书提出以下假设：

H3 生态价值观对农村居民生活自愿亲环境行为具有正向影响。

孝道态度体现了子辈对父辈意见的尊重与顺从。孝道双元模型理论认为，增强孝道态度能够提升子辈对父辈的顺从与支持。子辈对父辈越孝顺，代际传递的影响效果就越大，子辈的行为与父辈就越具有一致性。具体到农村居民生活自愿亲环境行为中，子辈孝道态度越强，父辈所拥有的生态知识越容易被子辈所认同和接受，因此子辈越有可能将生态知识付诸实践，自愿在生活中实施亲环境行为。除此之外，子辈孝道态度越强，其愿意待在父辈身边的时间越多，父辈践行的自愿亲环境行为对子辈的影响时间越长，子辈越容易自愿实施与父辈相同或相似的亲环境行为。现有研究也证实，孝道态度在代际传承与居民亲环境行为之间具有调节作用（贺爱忠、刘梦琳，2021）。因此本书提出如下假设：

H4 孝道态度能正向调节代际传承与农村居民生活自愿亲环境行为之间的关系。

H4a 孝道态度能正向调节父辈生态知识与农村居民生活自愿亲环境行为之间的关系。

H4b 孝道态度能正向调节父辈身教与农村居民生活自愿亲环境行为之间的关系。

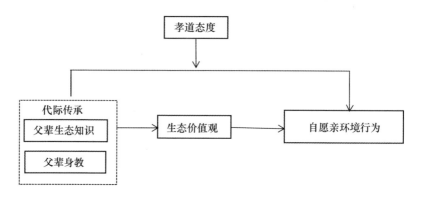

图 7 - 1 代际传承对农村居民生活自愿亲环境行为的研究理论模型

第三节 研究设计

一 数据来源

本书所采用的数据均为课题组 2020 年 12 月—2021 年 3 月在国家生

态文明试验区（江西省）开展的入户调查所得，以江西的农村居民为研究对象，考察其在生活中自愿实施亲环境行为的情况。采用分层抽样确定样本后，依据随机抽样原则选取样本农村居民，调查人员采取面对面访谈的方式进行问卷调查。共调查 635 个农村居民样本，剔除无效问卷和信息不完整的问卷后，最终得到有效样本 593 个，问卷有效率为 93.39％。从样本的年龄看，40 岁以上的农村居民占比为 54.67％，《江西统计年鉴（2020）》的数据显示，2019 年江西省 40 岁以上农村居民占比为 54.11％，这与被调研结果大致相符，说明样本具有一定的代表性。

二　变量设置

根据已有文献，选择的变量具体说明如下：自愿亲环境行为的测量参考芦慧和陈振（2020）的研究，由 3 个题项构成，题项为"保护环境对我来说很重要，我非常乐意实施亲环境行为（如购买节能家电、自带购物袋/篮购物等）"等。代际传承包括父辈生态知识和父辈身教 2 个维度，其中，父辈生态知识的测量参考青平等（2013）的研究，由 2 个题项构成，题项为"父母经常向我讲解生态知识"等；父辈身教的测量参考青平等（2017）的研究，由 2 个题项构成，题项为"父母经常进行垃圾分类（如将塑料瓶、纸壳分类等）"等。生态价值观的测量参考史海霞等（2017）的研究，由 3 个题项构成，题项为"我希望在日常行为中能做到保护环境"等。孝道态度的测量参考青平等（2013）的研究，由 2 个题项构成，题项为"我经常关注父母的身体健康状况"等。问卷采用李克特 5 级量表测量变量，要求农村居民根据自己实际情况打分，1—5 分别表示"完全不同意"至"完全同意"。各变量的含义及其描述性统计见表 7－1。此外，已有研究表明个人特征和家庭特征等对农村居民亲环境行为有重要影响（薛彩霞和李桦，2021；徐志刚等，2016）。因此，本书借鉴已有研究结果，将受访者个体特征（性别、年龄和学历）和家庭特征（家庭成员数）设置为控制变量。在性别中，"男"赋值为 1，"女"赋值为 0；在学历中，小学及以下赋值为 1，初中赋值为 2，高中及以上且本科以下赋值为 3，本科及以上赋值为 4；在家庭成员数中，1—2 人赋值为 1，3 人赋值为 2，4 人赋值为 3，5

人及以上赋值为4。

表7-1 描述性统计结果

潜变量	测量变量	平均值	标准差
自愿亲环境行为	保护环境对我来说很重要，我非常乐意实施亲环境行为（如购买节能家电、自带购物袋/篮购物等）	4.198	0.842
	我认为实施破坏环境的行为或者无视环保行为都是不合理的	4.221	0.911
	受到我个人环保信念的驱动，即使没有垃圾分类政策的影响，我也会积极进行垃圾分类	3.958	0.985
父辈生态知识	父母经常向我讲解生态知识	4.464	0.671
	父母在日常生活中很注重生态知识的学习	4.514	0.649
父辈身教	父母经常进行垃圾分类（如将塑料瓶、纸壳分类等）	4.350	0.700
	父母经常向他人交流垃圾分类的经验与体会	4.380	0.691
生态价值观	我希望在日常行为中能做到"保护环境"	4.378	0.778
	我希望在日常行为中能做到"防止污染"	3.539	1.248
	我希望在日常行为中能做到"与自然界和谐相处"	2.996	1.232
孝道态度	我经常关注父母的身体健康状况	4.515	0.648
	父母忙碌时，我愿意主动帮助他们	4.320	0.700

三 模型构建

基于前文的分析，代际传承（包括父辈生态知识和父辈身教）不仅能直接正向影响农村居民生活自愿亲环境行为，也能通过生态价值观间接影响农村居民生活自愿亲环境行为；孝道态度能正向调节代际传承与农村居民生活自愿亲环境行为之间的关系。在主效应模型构建的基础上，借鉴Baron 和 Kenny（1986）的方法构建中介模型进行中介作用检验，参考温忠麟和叶宝娟（2014）的研究，构建调节效应检验模型。具体模型如下式所示。

$$y = \alpha_0 + \alpha_1 zs + \alpha_2 sj + \alpha_3 C + \varepsilon_1 \tag{7.1}$$

$$jzg = \beta_0 + \beta_1 zs + \beta_2 sj + \beta_3 C + \varepsilon_2 \tag{7.2}$$

$$y = \lambda_0 + \lambda_1 zs + \lambda_2 sj + \lambda_3 jzg + \lambda_4 C + \varepsilon_3 \tag{7.3}$$

$$y = \upsilon_0 + \upsilon_1 zs + \upsilon_2 xd + \upsilon_3 zs \times xd + \upsilon_4 C + \varepsilon_4 \tag{7.4}$$

$$y = \omega_0 + \omega_1 sj + \omega_2 xd + \omega_3 sj \times xd + \omega_4 C + \varepsilon_5 \tag{7.5}$$

式（7.1）—式（7.5）中，y 代表农村居民生活自愿亲环境行为，zs、sj 分别表示父辈生态知识和父辈身教；jzg 为中介变量生态价值观；xd 为调节变量孝道态度；C 代表控制变量（包括受访者性别、年龄、学历和家庭成员数等）；α_0、β_0、λ_0、υ_0、ω_0 是常数项；α_3、β_3、λ_3、υ_3、ω_3 表示控制变量对农村居民生活自愿亲环境行为的待估系数；ε_1、ε_2、ε_3、ε_4、ε_5 为随机扰动项。

第四节 实证结果与分析

一 共同方法偏误检验

为避免调查问卷由同一被试者填写所产生的共同方法偏误问题，本书采用 Harman 单因素检验法对问卷进行共同方法偏误检验。借助 Stata 15.0 软件，对本书变量的所有题项进行探索性因子分析，结果表明，首因子能够解释各变量变异的 30.93%，小于标准值（40%），说明本书可忽略共同方法偏误问题。

二 信效度检验

为了保证问卷的内部一致性和可靠性，本书运用 Stata 15.0 对调查问卷的变量——父辈生态知识、父辈身教、子辈孝道态度、生态价值观及自愿亲环境行为进行了信度与效度分析，检验结果如表 7-2 所示。各潜变量的 Cronbach's α 值分别是 0.683、0.911、0.804、0.917、0.790，均高于标准值（0.6），CR 值均大于 0.8，这表明量表的内部一致性较好，可信度较高。

表7-2 信效度检验结果

潜变量	编号	标准化因子载荷	α 值	CR	AVE	KMO 值
生活自愿亲环境行为 （XW）	XW1	0.828	0.683	0.827	0.616	0.645
	XW2	0.716				
	XW3	0.805				
父辈生态知识（ZS）	ZS1	0.958	0.911	0.957	0.918	0.500
	ZS2	0.958				
父辈身教（SJ）	SJ1	0.915	0.804	0.911	0.836	0.500
	SJ2	0.915				
生态价值观（JZ）	JZ1	0.932	0.917	0.948	0.858	0.760
	JZ2	0.926				
	JZ3	0.920				
孝道态度（XD）	XD1	0.910	0.790	0.906	0.829	0.500
	XD2	0.910				

各潜变量 KMO 值均在 0.5 及以上，表明本书研究量表结构效度良好。采用因子载荷、平均方差抽取量（AVE）和组合信度（CR）检验收敛效度，检验结果显示，各变量的标准化因子载荷值在 0.716—0.958 之间，均大于 0.7，AVE 值、CR 值都超过 0.6，说明各潜变量的收敛效度较好。

采用 AVE 值来检验区别效度，结果如表 7-3 所示。表 7-3 中自愿亲环境行为的 AVE 值平方根为 0.785、父辈生态知识的 AVE 值平方根为 0.958、父辈身教的 AVE 值平方根为 0.914、生态价值观的 AVE 值平方根为 0.926、孝道态度的 AVE 值平方根为 0.910，均明显高于它们与其他变量之间的相关系数，因此各变量间的区别效度较好。

表7-3 区别效度检验结果

潜变量	自愿亲环境行为	父辈生态知识	父辈身教	生态价值观	孝道态度
自愿亲环境行为	0.785				
父辈生态知识	0.264 ***	0.958			
父辈身教	0.314 ***	0.655 ***	0.914		

潜变量	自愿亲环境行为	父辈生态知识	父辈身教	生态价值观	孝道态度
生态价值观	0.501 ***	0.250 ***	0.275 ***	0.926	
孝道态度	0.282 ***	0.351 ***	0.407 ***	0.339 ***	0.910

注：*** 表示解释变量系数在 1% 的水平上显著。对角线上为 AVE 平方根。

三　直接效应检验

在模型估计前，首先采用 VIF 法进行多重共线性检验，结果显示方差膨胀因子的最大值为 2.26，处于合理范围内，因此不存在多重共线性的问题。为探究代际传承对农村居民生活自愿亲环境行为的作用，本书运用 Stata 15.0 对变量进行分析。具体结果见表 7 - 4。由表 7 - 4 中的模型（2）可以看出：

父辈生态知识对农村居民生活自愿亲环境行为具有显著的正向影响，H1a 成立。这可能的解释是，具备生态知识的父辈在日常生活中通过示范效应将垃圾如何分类、畜禽粪便如何处理等生态知识告诉子辈，子辈掌握后能够在日常生活中判断所做的事是否符合父辈传递的生态知识，从而尽可能实施亲环境行为。

父辈身教对农村居民生活自愿亲环境行为具有显著的正向影响，H1b 成立。这可能是因为，父辈能够以身作则在生活中的各个方面带头实施诸如随手关灯和循环用水等亲环境行为，当子辈看到父辈做出这类行为时，也会向父辈看齐，自愿实施亲环境行为。

四　生态价值观的中介效应检验

采用逐步回归法和 Bootstrap 区间法对生态价值观的中介作用进行检验，估计结果见表 7 - 4。由表 7 - 4 结果可知，在父辈生态知识—生态价值观—自愿亲环境行为、父辈身教—生态价值观—自愿亲环境行为这两条影响路径下，Bias - corrected 95% 的间接效应置信区间均不包含 0，间接效应存在，说明生态价值观在代际传承与农村居民自愿亲环境行为之间存在中介作用，H2 和 H3 成立。其原因可能是，具备生态知识的父辈在对子辈进行言传身教的过程中，他们在生活中所持有的认为应该实施亲环境行为的观念会被子女所观察，子辈透过这些观念能更深刻地认识、领会、继承父母传承的生态价值观。当子辈拥有与父辈相同或相似的环境友好的生态价值观后，他们不仅会增强对环境的关心，还会认识到不实施亲环境行为可能会导致农村环境"脏乱差"、水体富营养化和河道污染等后果。因此子辈更可能会自愿在生活中实施亲环境行为。

表7-4　　　　　　　　　主效应与中介效应结果

	Panel A：依次检验			
变量	自愿亲环境行为	自愿亲环境行为	生态价值观	自愿亲环境行为
	(1)	(2)	(3)	(4)
性别	-0.005	-0.165	-0.115	-0.112
	(-0.08)	(0.130)	(0.122)	(0.117)
年龄	-0.002	-0.011	-0.087	0.029
	(-0.79)	(0.221)	(0.208)	(0.200)
学历	0.093 **	0.198 **	0.131	0.138 *
	(2.16)	(0.090)	(0.085)	(0.082)
家庭成员数	0.164 ***	0.337 ***	0.178 **	0.255 ***
	(4.17)	(0.079)	(0.074)	(0.072)
父辈生态知识		0.088 *	0.102 **	0.042
		(0.046)	(0.043)	(0.042)
父辈身教		0.233 ***	0.166 ***	0.157 ***
		(0.049)	(0.046)	(0.045)
生态价值观				0.459 ***
				(0.040)
样本量	593	593	593	593
ΔR^2	0.046	0.140	0.097	0.300

续表

影响路径	效应类型	估计值	系数相乘积		Bias – corrected 95% CI	
			SE	Z	Lower	Upper
父辈生态知识—生态价值观—自愿亲环境行为	直接效应	0.097	0.019	5.20	0.061	0.134
	间接效应	0.134	0.034	3.94	0.067	0.200
父辈身教—生态价值观—自愿亲环境行为	直接效应	0.109	0.023	4.84	0.065	0.153
	间接效应	0.185	0.036	5.14	0.114	0.255

注:***、** 和 * 分别表示解释变量系数在 1%、5% 和 10% 的水平上显著。括号内数值为标准误。

五 孝道态度的调节效应检验

为了探究孝道态度在代际传承影响农村居民生活自愿亲环境行为的作用,本书借鉴温忠麟和叶宝娟(2014)的研究,将孝道态度与父辈生态知识、父辈身教的交互项纳入模型进行实证分析,具体结果见表 7 – 5。由表 7 – 5 中可以看出,孝道态度对父辈生态知识与农村居民生活自愿亲环境行为关系存在正向调节作用,当孝道态度增强时,父辈生态知识对农村居民生活自愿亲环境行为的正向影响效果也更显著,即假设 H4a 是成立的。原因可能在于:孝道态度强的子辈会更加支持父辈,出于对父辈的孝顺与关心,子辈会向具备生态知识的父辈学习,也会像其父辈一样,将生态知识运用到实践中;反之,孝道态度弱的子辈并不会关心他们的父辈,也就不会关注他们的父辈在生活中的行为。即使父辈告诉他们怎样可以保护环境,由于不支持和不理解父辈,他们不会听从父辈的意见,更不会做出实际的、有利于环境的行为,因此父辈生态知识对农村居民生活自愿亲环境行为的影响也就很弱。

表 7 - 5 **孝道态度的调节效应分析**

变量	（1）	（2）	（3）	（4）
父辈生态知识	0.169***	0.145***		
	（0.037）	（0.038）		
孝道态度	0.285***	0.359***	0.241***	0.287***
	（0.058）	（0.065）	（0.059）	（0.065）
父辈身教			0.228***	0.220***
			（0.040）	（0.040）
父辈生态知识 * 孝道态度		0.079**		
		（0.031）		
父辈身教 * 孝道态度				0.049
				（0.030）
其他变量	已控制	已控制	已控制	已控制
样本量	593	593	593	593
R^2	0.142	0.150	0.159	0.162

注：***、** 分别表示解释变量系数在 1%、5% 的水平上显著。括号内数值为标准误。

第五节 研究结论及建议

一 研究结论

引导农村居民在生活中自愿实施亲环境行为对改善农村环境、建设美丽中国具有重要意义。本书采用国家生态文明试验区（江西省）593 份农村居民的调研数据，分析代际传承对农村居民生活自愿亲环境行为的影响，得出以下结论：（1）代际传承对农村居民生活自愿亲环境行为具有显著的正向影响。（2）代际传承不仅对农村居民生活自愿亲环境行为的正向作用显著，而且可以正向影响农村居民的生态价值观进而促进农村居民在生活中自愿实施亲环境行为，表明生态价值观在代际传承对农村居民生活自愿亲环境行为的影响过程中起中介作用，说明代际传承对农村居民生活自愿亲环境行为的影响可以通过作用于生态价值观这一路径进行传导。（3）孝道态度在父辈生态知识对农村居民生活自愿亲环境行为的影响中具有显著的正向调节作用，研究结果显示，在较强的孝道态度作用下，父辈生态知识对农村居民生活自愿亲环境行为的正向效应将得到增强。

二　政策建议

基于以上结论，从更好地引导农村居民在生活中自愿实施亲环境行为的逻辑出发，本书提出的政策建议如下：（1）加大生态知识普及力度。政府应加强生态知识的宣传教育，如村委会可以以户为单位派发环保手册、组织开展生态知识普及活动和有奖问答活动，从而使农村居民掌握生态知识。（2）鼓励父辈带头实施亲环境行为。政府可以通过开展以亲子为组合的家庭亲环境评比活动，以"积分换物"作为奖励。父辈在活动中以身作则，带头自觉实施节水节电、垃圾分类等亲环境行为。（3）积极弘扬孝道文化。政府可以依托电视、微信以及短视频平台等宣传孝道文化的积极价值，使子辈对父辈更加顺从和支持，此外还可以开展"和睦家庭""孝道之家"等评比活动，在社会形成崇尚孝德的良好风尚。

第 八 章

面子观念对农村居民生活
自愿亲环境行为的影响研究

第一节 引言

  引导农村居民在生活中自愿实施亲环境行为是改善农村人居环境、建设美丽中国的重要路径，而改善农村人居环境是实现乡村振兴的重要环节。《农村人居环境整治提升五年行动方案（2021—2025 年）》提出，不仅要"倡导绿色环保的生活方式"，更要"动员村民自觉改善农村人居环境"。可见，引导农村居民在生活中自觉主动实施亲环境行为是改善农村人居环境的关键。面子观念是居民环境行为的一个重要因素。相对于城镇居民，农村居民面子观念更强。那么，面子观念如何影响农村居民生活自愿亲环境行为？回答该问题对实现乡村振兴战略具有重要意义。

  关于居民亲环境行为的研究主要集中在三方面：一是居民亲环境行为概念的界定和分类。学者根据研究的需要，对亲环境行为进行分类。有学者根据行为实施领域的不同，将农村居民亲环境行为划分为"公"领域亲环境行为和"私"领域亲环境行为；也有学者根据行为动机的不同，将居民亲环境行为分为内源性（自愿）亲环境行为和外源性（被迫）亲环境行为。二是面子观念对居民亲环境行为影响的研究。诸多学者研究发现面子观念会影响城市居民亲环境行为。如：王建明（2013）认为面子观念会影响城市居民的资源节约行为。王建华和钭露露（2021）研究发现面子意识对公众环境行为有正向影响。三是居民亲环境行为城乡差异的研究。一些研究表明居民亲环境行为存在城乡差异。如：蒋婷婷（2019）

认为相较于农村居民，城市居民更愿意实施亲环境行为。顾海娥（2021）发现城市居民的环境行为实施情况要优于农村居民。

综上所述，已有研究为本书奠定了良好的基础，但仍存在以下不足：一是现有面子观念对居民亲环境行为的研究多以城市居民为研究对象，较少关注农村居民；二是关于面子观念对居民亲环境行为影响的研究较多，这些研究忽视了居民亲环境行为的主动和被动特征，鲜有文献研究面子观念对居民生活自愿亲环境行为的影响。为此，本书借鉴芦慧等（2020）的研究，将农村居民生活自愿亲环境行为界定为"农村居民在生活中受到内在动机的驱动，出于自觉或积极响应主流价值观等目的而主动实施的亲环境行为"。采用国家生态文明试验区（江西省）593 个农村居民的调研数据，探讨面子观念对农村居民生活自愿亲环境行为的影响，以期为更好地改善农村人居环境、建设生态宜居美丽乡村提供决策参考。

第二节　理论基础与研究假设

印象管理理论认为，个体为了获得声望和他人眼中的好印象，会按照他人认可的规范和价值观约束行为。众多研究表明，面子观念会影响居民亲环境行为。如：李世财等（2020）发现面子文化对农村居民住宅节能投资行为有负向影响；黄炎忠等（2020）研究表明面子观念对农村居民的绿色生活方式参与存在负向影响。具体到农村居民生活自愿亲环境行为中，农村社会是以血缘、地缘、姻缘、宗族等人际关联为基础的"熟人社会"，"随大流、不出众"是做人之道的基本策略。在以实施垃圾分类、节能环保等亲环境行为为规范的农村中，乱扔垃圾、盲目讲排场等行为会被认为是不符合村庄规范的体现，实施这些行为就会"丢面子"。因此为了在集体中获得面子，农村居民会在生活中积极主动地实施亲环境行为；反之，在以购买过度包装的产品、奢侈性消费为规范的农村中，节水节电、废品回收等亲环境行为则会被认为"丢面子"。因此，面子观念强的农村居民为了挣得面子，不会实施亲环境行为。综上所述，本书提出以下假设：

H1 面子观念会影响农村居民生活自愿亲环境行为。

调节匹配理论认为，个体在做决策时其感知价值会受情境因素（面子观念等）的影响。已有研究发现，面子会影响个体的感知价值。借鉴相关研究，本书将感知利益划分为三种类型：感知生态利益、感知社会利益和感知经济利益。具体而言：一是感知生态利益。面子意识较强的农村居民在做出行为决策时，首先考虑的关键问题就是此类行为是否"丢面子"。当空调安装数量多、使用频次高等行为是村庄社会规范的体现时，若农村居民选择了节水节电，他们的行为就会被认为不符合村庄规范，他们也就会成为没有面子的人。因此，为了获得面子他们会降低对生态利益的感知。二是感知社会利益。面子意识强的农村居民更在乎他人的看法，当不实施环保行为成为村庄的"主流"时，节水节电等环保活动就会被认为是"异类""丢面子"。为了获得邻里的认可和赞赏，农村居民首先考虑的是其行为能否为他们挣得面子，而不是是否有利于农村资源的节约和环境的保护，因而降低了对社会利益的感知。三是感知经济利益。当农村居民普遍认为讲排场、大操大办的婚丧嫁娶事宜是家庭生活水平高于他人的体现，能够满足他们的面子需求时，勤俭节约、绿色低碳的生活理念就会与他们"不能比别人差"的好面子观念产生冲突，也就不符合被群体普遍接受的村庄规范，那么他们将会"丢面子"。因此，受面子观念的驱动，农村居民在日常生活中往往更愿意花费大量的金钱，也就降低了对经济利益的感知。综上，本书提出以下假设：

H2 面子观念负向影响农村居民感知价值。

H2a 面子观念负向影响农村居民感知生态利益。

H2b 面子观念负向影响农村居民感知社会利益。

H2c 面子观念负向影响农村居民感知经济利益。

感知价值理论认为个体会从自身体验的角度出发，对某种行为的感知价值进行主观权衡和评价。在农村居民的行为研究中，感知价值同样被认为是个体行为发生的重要依据。已有研究表明，农村居民对价值的感知水平会影响其环境行为。如：王淇韬和郭翔宇（2020）研究发现，农户的感知价值能够推动其实施耕地质量保护行为。牛善栋等（2021）认为，感知社会价值对农户黑土地保护行为具有正向影响。对农村居民生活自愿亲环境行为来说，价值感知越高的农村居民在实施亲环境行为之前，越会对可能产生的价值与自身的期望进行评估，当感知到的价值达到自身的期望时，其越有可能在生活中自觉实施亲环境行为。就农村居民感知生态价值而言，当农村居民感受到在生活中实施亲环境行为能够减少污染物排放、改善人居环境时，他们会在生活中自觉实施亲环境行为；就农村居民感知社会利益而言，当农村居民深切地感受到在生活中实施亲环境行为能够促进垃圾处理设施建设、提高本村居民的素质，从而使大众受益时，他们会自觉在生活中实施更加有效的亲环境行为；就农村居民感知经济利益而言，当农村居民感受到在生活中实施亲环境行为能够减少浪费而带来经济利益时，他们会为了获取这类经济利益，积极主动地在生活中实施亲环境行为。因此本书提出以下假设：

H3 感知价值显著正向影响农村居民生活自愿亲环境行为。

H3a 感知生态利益显著正向影响农村居民生活自愿亲环境行为。

H3b 感知社会利益显著正向影响农村居民生活自愿亲环境行为。

H3c 感知经济利益显著正向影响农村居民生活自愿亲环境行为。

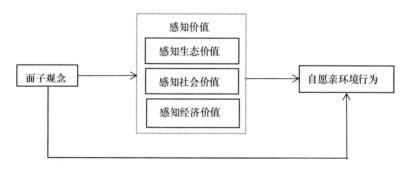

图8-1 面子观念对农村居民生活自愿亲环境行为的研究理论模型

第三节 研究设计

一 数据来源

本书所采用的数据均为课题组 2020 年 12 月—2021 年 3 月在国家生态文明试验区（江西省）开展的入户调查所得，以江西的农村居民为研究对象，考察其在生活中自觉实施亲环境行为的情况。采用分层抽样确定样本后，依据随机抽样原则选取样本农村居民，调查人员采取面对面访谈的方式进行问卷调查。共调查 635 个农村居民样本，剔除无效问卷和信息不完整的问卷后，最终得到有效样本 593 个，问卷有效率为 93.39%。从样本的年龄看，40 岁以上的农村居民占比为 54.67%，《江西统计年鉴（2020）》的数据显示，2019 年江西省 40 岁以上农村居民占比为 54.11%，这与被调研结果大致相符，说明样本具有一定的代表性。

二 变量设置

根据已有文献，选择的潜变量具体说明如下：自愿亲环境行为的测量参考芦慧和陈振（2020）的研究，由 3 个题项构成，题项为"我认为实施破坏环境的行为或者无视环保行为都是不合理的"等。面子观念的测量参考吴建兴（2019）的研究，由 3 个题项构成，题项为"我尽力隐瞒我的缺陷，不让其他人知道"等。感知价值的测量参考何可（2016）的研究，包括感知生态价值、感知社会价值和感知经济价值三个维度。问卷采用李克特 5 级量表测量变量，要求农村居民根据自己实际情况打分，1—5 分别表示"完全不同意"至"完全同意"。各潜变量的含义及其描述性统计见表 8-1。

表 8-1　　　　　　　　　　描述性统计结果

潜变量	测量变量	平均值	标准差
自愿亲环境行为	保护环境对我来说很重要，我非常乐意实施亲环境行为（如购买节能家电、自带购物袋/篮购物等）	4.198	0.842
	我认为实施破坏环境的行为或者无视环保行为都是不合理的	4.221	0.911
	受到我个人环保信念的驱动，即使没有垃圾分类政策的影响，我也会积极进行垃圾分类	3.958	0.985
面子观念	我想让大家知道我认识一些头面人物	2.642	1.101
	就算我真的不懂，我也竭力避免让其他人觉得我很无知	2.830	1.130
	我尽力隐瞒我的缺陷，不让其他人知道	2.785	1.181
感知生态价值	生活垃圾分类能够改善村里的居住环境	4.456	1.067
	生活垃圾分类能够降低有害垃圾对土壤的污染	4.486	1.130

续表

潜变量	测量变量	平均值	标准差
感知社会价值	生活垃圾分类能够促进垃圾、污水处理设施建设	4.464	0.700
	生活垃圾分类能够提高本村居民的素质	4.333	0.825
感知经济价值	生活垃圾分类可以增加收入	3.504	1.086

书中选择的显变量具体说明如下：性别（男＝1，女＝0）；年龄（实际年龄数）；学历（小学及以下＝1，初中＝2，高中及以上且本科以下＝3，本科及以上＝4）；政治面貌（中共党员＝1，民主党派＝2，群众＝3）；家庭成员数（1—2人＝1，3人＝2，4人＝3，5人及以上＝4）。

三　模型构建

基于前文的分析，面子观念不仅能直接影响农村居民生活自愿亲环境行为，也能通过感知价值间接影响农村居民生活自愿亲环境行为。在主效应模型构建的基础上，借鉴温忠麟和叶宝娟（2014）的研究构建中介模型进行中介作用检验，具体模型如下式所示。

$$y = \alpha_0 + \alpha_1 mz + \alpha_2 C + \varepsilon_1 \tag{8.1}$$

$$gz = \beta_0 + \beta_1 mz + \beta_2 C + \varepsilon_2 \tag{8.2}$$

$$y = \lambda_0 + \lambda_1 mz + \lambda_2 gz + \lambda_3 C + \varepsilon_3 \tag{8.3}$$

式（8.1）至式（8.3）中，y 为农村居民生活自愿亲环境行为，mz 为面子观念；gz 为中介变量感知价值；C 为控制变量（包括受访者性别、年龄、学历、家庭成员数和政治面貌等）；α、β、λ 均表示待估系数，ε 为随机扰动项。

第四节　实证结果与分析

一　共同方法偏误检验

为避免调查问卷由同一被试者填写所产生的共同方法偏误问题，本书采用 *Harman* 单因素检验法对问卷进行共同方法偏误检验。借助 *Stata* 15.0 软件，对本书变量的所有题项进行探索性因子分析，结果表明，首因子能够解释各变量变异的 30.93%，小于标准值（40%），说明本书可忽略共同方法偏误问题。

二 信效度检验

为了保证问卷的内部一致性和可靠性，本书运用 Stata 15.0 对调查问卷的变量——面子观念、感知生态价值、感知社会价值以及自愿亲环境行为进行了信度与效度分析，检验结果如表 8 - 2 所示。各潜变量的 Cronbach's α 值在 0.683—0.822 之间，均高于标准值（0.6），CR 值均大于 0.8，这表明量表的内部一致性较好，可信度较高。

表 8 - 2　　　　　　　　　　　信效度检验结果

潜变量	编号	标准化因子载荷	α 值	CR	AVE	KMO 值
生活自愿亲环境行为（XW）	XW1	0.828	0.683	0.827	0.616	0.645
	XW2	0.716				
	XW3	0.805				
面子观念（MZ）	KWMZ3	0.719	0.764	0.864	0.682	0.642
	SQMZ2	0.867				
	SQMZ3	0.881				
感知生态价值（ST）	ST1	0.921	0.822	0.918	0.848	0.500
	ST2	0.921				
感知社会价值（SH）	SH1	0.900	0.751	0.895	0.810	0.500
	SH2	0.900				

各潜变量 KMO 值均在 0.5 及以上，均超过标准值，表明本书研究量表结构效度良好。采用标准化因子载荷、平均方差抽取量（AVE）和组合信度（CR）检验收敛效度，检验结果显示，各变量的标准化因子载荷值在 0.716—0.921 之间，均大于 0.7，AVE 值、CR 值都超过 0.6，说明各潜变量的收敛效度较好。

采用 AVE 值来检验区别效度，结果如表 8 - 3 所示。表 8 - 3 中自愿亲环境行为的 AVE 值平方根为 0.785、面子观念的 AVE 值平方根为

0.826、感知生态价值的 AVE 值平方根为 0.921、感知社会价值的 AVE 值平方根为 0.900，均明显高于它们与其他变量之间的相关系数，因此各变量间的区别效度较好。

表 8 - 3　　　　　　　　　区别效度检验结果

潜变量	自愿亲环境行为	面子观念	感知生态价值	感知社会价值
自愿亲环境行为	0.785			
面子观念	- 0.226 ***	0.826		
感知生态价值	0.467 ***	- 0.141 ***	0.921	
感知社会价值	0.422 ***	- 0.157 ***	0.726 ***	0.900
感知经济价值	0.226 ***	0.010	0.175 ***	0.204 ***

注：*** 表示解释变量系数在 1% 水平上显著。对角线上为 AVE 平方根。

表 8 - 4　　　　　　　　　主效应与中介效应结果

			Panel A：依次检验				
	（1）	（2）	（3）	（4）	（5）	（6）	（7）
	自愿亲环境行为	感知生态价值	自愿亲环境行为	感知社会价值	自愿亲环境行为	感知经济价值	自愿亲环境行为
面子观念	- 0.146 ***	- 0.051 ***	- 0.108 ***	- 0.061 ***	- 0.108 ***	0.003	- 0.147 ***
	（- 4.77）	（- 2.87）	（- 3.88）	（- 3.23）	（- 3.78）	（0.13）	（- 4.93）
感知生态价值			0.745 ***				
			（11.66）				
感知社会价值					0.621 ***		
					（10.06）		
感知经济价值							0.342 ***
							（5.85）
性别	- 0.019	0.022	- 0.036	0.032	- 0.039	0.087	0.087
	（- 0.15）	（0.28）	（- 0.30）	（0.39）	（- 0.32）	（0.96）	（0.96）
年龄	- 0.004	- 0.008 **	0.002	- 0.012 ***	0.003	0.005	0.005
	（- 0.69）	（- 2.33）	（0.35）	（- 3.31）	（0.62）	（1.27）	（1.27）

续表

	(1)	(2)	(3)	(4)	(5)	(6)	(7)
	自愿亲环境行为	感知生态价值	自愿亲环境行为	感知社会价值	自愿亲环境行为	感知经济价值	自愿亲环境行为
学历	0.156*	0.018	0.143*	−0.048	0.186**	0.062	0.062
	(1.71)	(0.33)	(1.74)	(−0.85)	(2.20)	(0.98)	(0.98)
家庭人口数	0.280***	0.059	0.236***	0.079	0.232***	0.005	0.005
	(3.40)	(1.23)	(3.18)	(1.54)	(3.04)	(0.10)	(0.10)
政治面貌	−0.316**	−0.178**	−0.183	−0.200**	−0.192	−0.111	−0.111
	(−2.36)	(−2.28)	(−1.51)	(−2.41)	(−1.54)	(−1.20)	(−1.20)
N	593	593	593	593	593	593	593
r2	0.096	0.054	0.267	0.062	0.230	0.009	0.009
F	10.416	5.613	30.420	6.497	24.923	0.884	0.884
p	0.000	0.000	0.000	0.000	0.000	0.506	0.506

Panel A：依次检验（表头）

Panel B：bootstrap 检验

影响路径	效应类型	估计值	系数相乘积		Bias − corrected 95% CI	
			SE	Z	Lower	Upper
面子观念—感知生态价值—自愿亲环境行为	直接效应	−0.108	0.028	−3.83	−0.163	−0.053
	间接效应	−0.038	0.013	−2.91	−0.064	−0.012
面子观念—感知社会价值—自愿亲环境行为	直接效应	−0.108	0.029	−3.76	−0.165	−0.052
	间接效应	−0.038	0.012	−3.14	−0.062	−0.014
面子观念—感知经济价值—自愿亲环境行为	直接效应	−0.147	0.030	−4.87	−0.207	−0.088
	间接效应	0.001	0.008	0.11	−0.015	0.017

注：***、**、*分别表示解释变量系数在 1%、5% 和 10% 的水平上显著，括号内数值为标准误。

三 直接效应检验

在模型估计前，首先采用 VIF 法进行多重共线性检验，结果显示方差膨胀因子的最大值为 1.74，处于合理范围内，因此不存在多重共线性的问题。为探究面子观念对农村居民生活自愿亲环境行为的作用，本书运用 Stata 15.0 软件进行分析。具体结果见表 8 - 4。从表 8 - 4 中的模型（2）可以看出：

面子观念对农村居民生活自愿亲环境行为有显著负向影响，H1 成立。可能的解释是，一方面，随着农村居民收入水平的提高，面子观念强的农村居民会认为炫耀性消费和奢侈性消费可以为他们挣得面子，反之废品回收、自带购物袋和乘坐公交车等亲环境行为则会被认为是"丢面子的事"。因此，为了获得面子他们就不会在生活中做出资源节约、废品回收和乘坐公共交通工具等亲环境行为。另一方面，当不主动实施亲环境行为是农村的"主流"和村庄规范时，在农村这个"熟人社会"中，自愿实施亲环境行为会被认为是"不合群"、让他们"丢面子"。因此为了不丢面子，农村居民不会在生活中积极主动实施亲环境行为。

面子观念对感知生态价值、感知社会价值有显著负向影响，H2a 和 H2b 成立。可能的合理解释是，从面子观念和感知生态价值的关系来看，爱好面子的农村居民更关心的是他们在日常生活中的行为是否可以为自己挣得面子，而认为村里的居住环境能否得到改善、自己不对垃圾进行分类是否会污染土壤与自己无关，也就降低了他们对生态价值的感知；从面子观念和感知生态价值的关系来看，在不主动实施亲环境行为是"主流"的农村中，面子意识强的农村居民越看中面子，越不会关心自身实施的行为是否有利于农村居民素质的提高，即使垃圾分类行为、节水节电等亲环境行为事实上有利于村庄垃圾处理设施的改善和村民整体环保素质的提高，但在爱好面子的农村居民眼中，这种行为只会让他们被看作是"异类""丢面子"，也就降低了他们对社会价值的感知。

感知价值对农村居民生活自愿亲环境行为有显著正向影响，H3 成立。基于感知价值的各个维度的具体分析来看，其原因可能是，就感知生态价值而言，感知生态价值越强的农村居民，越会觉得实施垃圾分类、节水节电等亲环境行为是必要的。一方面，他们清楚垃圾分类、保护水质可以改善村庄生活环境，有利于身体健康；另一方面，他们依赖于肥沃的土地进行农业生产活动，因此，当他们知道不实施垃圾分类、保护水资源等亲环境行为会破坏农村人居环境时，便会主动实施亲环境行为。就感知社会价值而言，农村居民追求在村里做实事获得声望，当他们知道实施垃圾分类等亲环境行为不仅可以促进村里基础设施建设，还可以提升邻里对垃圾分类回收的认知，他们可能会主动去实施亲环境行为以期为村里带来好处，获得村里人对自己的认可和褒扬。就感知经济价值而言，农村居民较为关注的是自己实施亲环境行为能否获得金钱上的收益。因此，当农村居民感知到在生活中分类回收、节约用电可以减少浪费进而节约生活成本和生产成本时，他们会自觉实施此类行为。由此可见，生态利益、社会利益和经济利益都是农村居民在生活中自觉实施亲环境行为的重要诉求。

四 感知价值的中介效应检验

采用逐步回归法和 Bootstrap 区间法对感知价值的中介作用进行检验，估计结果见表 8 - 4。从表 8 - 4 结果可知，在面子观念—感知生态利益—自愿亲环境行为、面子观念—感知社会利益—自愿亲环境行为这两条影响路径下，Bias - corrected 95% 的间接效应置信区间均不包含 0，间接效应存在，说明感知生态利益和感知社会利益在面子观念与农村居民自愿亲环境行为之间存在中介作用。而在面子观念—感知经济利益—自愿亲环境行为这条影响路径下，Bias - corrected 95% 的间接效应置信区间均包含 0，间接效应不存在，说明感知经济利益在面子观念与农村居民自愿亲环境行为之间不存在中介作用。综上，H2、H3a 和 H3b 成立。

第五节 研究结论与政策启示

一 研究结论

引导农村居民在生活中自愿实施亲环境行为对改善农村环境、建设美丽中国具有重要意义。本书采用国家生态文明试验区（江西省）593 份农村居民的调研数据，分析面子观念对农村居民生活自愿亲环境行为的影响，发现面子观念对农村居民生活自愿亲环境行为既有直接影响，也有间接影响，具体来说：面子观念对农村居民生活自愿亲环境行为具有显著的负向影响；面子观念既可以通过感知生态价值间接影响农村居民生活自愿亲环境行为，又可以通过感知社会价值间接影响农村居民生活自愿亲环境行为。

二 政策启示

基于以上结论，提出如下政策启示：第一，营造以环保为荣的面子观念。鼓励和引导党员以及基层干部率先在生活中践行节能、节水、生活垃圾分类等环保行为，通过他们的示范效应，逐步在日常生活中营造环保即为有面子的氛围，从而引导更多的农村居民在生活中自觉、主动实施节能、垃圾分类、绿色出行等环保行为。第二，增强农村居民实施亲环境行为的价值感知。政府可通过电视的公益广告、微信、广播或张贴宣传标语等手段，宣传环保与农村居民健康以及环保与生态环境之间关系方面的信息，促使农村居民认识到在生活中践行节能、节水、生活垃圾分类等环保行为不仅关乎其日常生活环境，而且会影响到农业生产的可持续性，从而提升农村居民对于实施亲环境行为生态利益、社会利益和经济利益的认同。

第九章

情感支持、人际信任对农村居民生活自愿亲环境行为的影响研究

第一节　引言

引导农村居民在生活中实施亲环境行为是促进美丽乡村建设的一个重要手段。《农村人居环境整治提升五年行动方案（2021—2025 年）》指出要"改善农村人居环境"。《"美丽中国，我是行动者"提升公民生态文明意识行动计划（2021—2025 年）》中明确提出，"把对美好生态环境的向往进一步转化为行动自觉"。农村居民是改善农村人居环境的主体，因此，如何有效引导农村居民自觉践行亲环境行为是改善农村人居环境的关键。已有研究表明，情感支持和人际信任有助于促进农村居民实施亲环境行为。那么，情感支持和人际信任在农村居民生活自愿亲环境行为中起着何种作用？与此同时，为了促进农村居民在生活中自愿实施亲环境行为，政府出台了一系列的政策，那么在不同的政策工具下，人际信任对农村居民生活自愿亲环境行为又有何影响？基于此，本书考察情感支持、人际信任对农村居民生活自愿亲环境行为的影响，并探究政策工具在人际信任影响农村居民生活自愿亲环境行为中的调节作用。

目前有关居民亲环境行为的研究，主要集中在四个方面：一是居民亲环境行为分类及影响因素的研究。关于居民亲环境行为的分类，芦慧等（2020）将居民亲环境行为分为内源性（自愿）亲环境行为和外源性（被迫）亲环境行为。关于居民亲环境行为的影响因素，已有研究发现，城市居民内、外源亲环境行为的影响因素存在显著差别。如芦慧等（2020）

发现，自利性环保动机正向影响内源性亲环境行为，工具性环保动机则直接正向作用于外源性亲环境行为。二是情感支持、人际信任对居民亲环境行为影响的研究。关于情感支持，已有研究普遍认为，情感支持对于居民亲环境行为的实施有积极影响，如：盛光华和林政男（2019）认为，情感支持有利于消费者选择绿色创新产品；王太祥等（2020）研究得出，非正式社会支持对农户地膜回收行为有显著促进作用。同样的，关于人际信任，学者一致认为人际信任有助于促进居民实施亲环境行为，如何可等（2015）发现，人际信任能显著促进农村居民的农业废弃物资源化利用；尚燕等（2020）指出，农户对于同行的信任促进其向绿色生产行为转变。三是居民亲环境行为城乡差异的研究。有学者发现城市居民与农村居民的亲环境行为存在差异，如顾海娥（2021）发现城市居民的亲环境行为要多于农村居民。

综上所述，已有文献还有待扩展：一是现有居民亲环境行为的研究，忽视了自愿亲环境行为与被迫亲环境行为之间的差异，研究居民自愿亲环境行为的文献相对较少。二是现有情感支持和人际信任对居民亲环境行为影响的研究，主要集中在城市居民，研究农村居民的鲜见。本书借鉴芦慧和陈振（2020）的研究，将"农村居民生活自愿亲环境行为"定义为："农村居民在生活中自愿使自身活动对生态环境的负面影响尽量降低的行为。"运用国家生态文明试验区（江西省）农村居民的调研数据，研究情感支持和人际信任对农村居民生活自愿亲环境行为的作用机理，并尝试揭示政策工具在人际信任和农村居民生活自愿亲环境行为影响中的调节作用，以期为政府完善农村环境政策提供决策参考。

第二节　理论分析

社会支持理论认为。当个体在社会中得到关心、理解和支持时，其社会心理的稳定程度会上升，如更信任他人等。一些研究也证实了公众得到的情感支持有助于提升个体的人际信任水平。如初浩楠（2008）认为组织支持感可以提高企业员工的人际信任水平；杨柳（2018）发现村组织的情感支持对农户参与农田灌溉系统治理有促进作用。具体到农村居民日常生活，当农村居民在生活中得到他人的关心和理解时，他们感到被尊重和赞同，这有利于增强农村居民对他人的情感依附，从而使居民之间的交流变得频繁，其对于他人的信任水平进而得到提升。农村居民受到的关心和理解越多，其对于他人的信任水平就越高。因此，提出假设 H1：

H1：农村居民的情感支持对其人际信任有正向影响。

社会资本理论认为社会资本可以在社会中促进形成更高水平的信任、规范与网络，进而对个体的行为产生影响。其中，人际信任是社会资本的重要组成部分，其会影响个体的行为。诸多研究表明人际信任对农村居民亲环境行为有积极影响（王学婷等，2019；唐林等，2021；赵艺华、周宏，2021）。对农村居民生活自愿亲环境行为来说，一方面，人际信任能够促进信息的共享，农村居民对于亲戚朋友的信任可以促成双方之间的沟通与交流，从而共享彼此的信息，就能及时了解到化石能源（煤炭、石油、天然气等）消耗引起的环境问题等信息，让农村居民意识到保护环境对其生产和生活的重要性，促使其自觉实施亲环境行为；另一方面，农村居民的生活自愿亲环境行为具有正外部性，他人亦可以享受生态效益，而人际信任能够形成一种看不见的约束，减少农村居民的搭便车行为。当农村居民相信他人能够保护环境时，则其自身也会自愿实施亲环境行为。当这种信任被打破时，不保护环境的农村居民就会受到他人的谴责，其声望就会因此受损，为了挽回声誉，农村居民会在生活中主动实施亲环境行为。由此，提出如下假设：

H2：农村居民的人际信任对其生活自愿亲环境行为有正向影响。

社会交换理论认为个体倾向于因他人的支持而做出互惠行为。已有研究也证实了情感支持有助于农村居民实施亲环境行为（王太祥等，2020；杨柳，2018）。对农村居民而言，他会由于得到他人的情感支持而自愿实施亲环境行为，以回报他人的支持。农村居民在与亲戚、邻居等的互动中获得了支持和帮助，感到被理解和认同，认为自身得到了他人的重视，其自我认同感有所增强，进而会做出互惠行动以回应他人对自己的支持，即在生活中积极主动地实施亲环境行为。农村居民得到的情感支持越强烈，其自觉实施亲环境行为的可能性越高。根据以上分析，提出如下假设：

H3：农村居民的情感支持对其生活自愿亲环境行为有正向影响。

刺激—反应理论认为外部刺激对个体行为有重要影响。对农村居民来说，引导农村居民实施亲环境的政策工具是一种外部刺激。根据刺激—反应理论，政策工具会对农村居民亲环境行为产生影响。在农村环境政策工具中，目前实施较多的是命令型政策和经济型政策（唐林等，2021）。现有研究表明，政策工具的实施在人际信任对农村居民亲环境行为的影响中具有调节作用（李文欢、王桂霞，2021）。具体到农村居民亲环境行为，在命令型政策下，农村居民亲环境行为的实施有了强制约束力，对亲戚朋友等信任水平高的农村居民通过沟通交流获得了更多关于管理规定的信息，了解到因不保护环境而遭受的处罚会超过"搭便车"得到的收益，为了避免处罚，农村居民就会主动实施亲环境行为。就农村居民生活自愿亲环境行为而言，随着经济型政策的落实，对亲戚朋友等信任水平越高的农村居民对于获取经济补贴的金额、范围等信息的了解程度更高，为了获得更高的收益，农村居民会在生活中积极主动地实施亲环境行为。由此，提出假设 H4：

H4：命令型政策、经济型政策在人际信任对农村居民生活自愿亲环境行为的影响中发挥正向调节作用。

综合上述分析，本书构建的理论分析框架如图9-1所示。

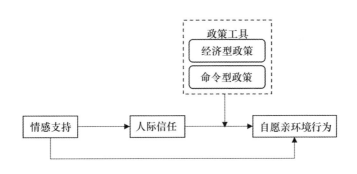

图9-1　理论分析框架

第三节　研究设计

一　数据来源和样本特征

本书数据来自课题组在国家生态文明试验区（江西）农村的调研数据，课题组于2020年12月—2021年3月采用分层抽样和随机抽样相结合的方式对农村居民进行问卷调查，共采集了 635 份问卷，其中有效问卷合计 593 份，有效率为 93.39%。

在 593 个数据样本中，从个体特征分析，女性样本有 266 位，占样本总数的 55.14%；以中老年为主，41—60 岁的受访者所占比重较高，为 41.48%，60 岁以上受访者有 13.49%，文化程度普遍偏低，55.31% 的受访对象仅受过初中及以下阶段的教育；从家庭特征来看，已婚受访者比例较大，为 65.43%；平均年收入较低，为 2 万元，且家庭年收入在 3 万元及以下的农村居民占比 58.18%；家庭人口数较多，4 人及以上的占比 85.16%。依据《江西统计年鉴（2020）》的数据，2019 年江西省农村 40 岁以上的居民占 54.11%，农村居民受教育程度大多在初中及以下水平，平均年收入为 21849.73 元，说明本书总体样本特征与江西省农村的现实状况较为一致，有一定的代表性。

二 变量说明

本书所采用的各潜变量均采用李克特 5 级量表测量，1 表示完全不同意，5 表示完全同意。

（1）被解释变量（农村居民生活自愿亲环境行为）。参考芦慧和陈振（2020）的研究，设计了 3 个题项，题项如"我会自愿把有害垃圾与其他垃圾分开"等。

（2）核心解释变量为情感支持。情感支持的测量参考了秦敏和李若男（2020）的研究，共设计 2 个题项，题项如"我在村里求助，村里人表示关心"等。

（3）中介变量为人际信任。人际信任的测量借鉴了赵连杰等（2019）的研究，共设计 2 个题项，题项如"您对亲戚朋友的信任程度"等。

（4）调节变量。命令控制型政策的测量借鉴李献士（2016）的研究，题项为"政府在生活垃圾分类方面有管理规定（如《生活垃圾分类制度实施方案》)"。经济型政策工具的测量参照李献士（2016）的研究，共有 2 个题项，代表题项如"回收生活废旧物品的经济收益促使我回收家电产品"等。

（5）控制变量。控制变量具体说明如下：生态价值观的测量改编自史海霞（2017）的量表，由 3 个题项构成，题项如"我希望在日常行为中能做到'保护环境'"等。人口特征变量有性别（1 = 男，0 = 女）、年龄（实际年龄）、文化程度（1 = 小学及以下；2 = 初中；3 = 高中及以上且本科以下；4 = 本科及以上）、家庭年收入（1 = 收入 1 万元以下；2 = 收入为 1 万—3 万元；3 = 收入为 3 万—5 万元；4 = 收入为 5 万—8 万元；5 = 收入为 8 万元以上）、家庭人口数（1 = 1—2 人；2 = 3 人；3 = 4 人；4 = 5 人及以上）。主要潜变量及定义如表 9 - 1 所示。

表 9 - 1　　　　　　　　　　各潜变量测量题项

潜变量	测量题项	参考量表
自愿亲环境行为	我会自愿把可回收垃圾（如纸壳、金属等）与其他垃圾分开	芦慧和陈振，2020
	我会自愿把有害垃圾与其他垃圾分开	
	我会自愿把厨余垃圾与其他垃圾分开	
情感支持	我在村里求助，村里人愿意倾听我的感受	秦敏和李若男，2020
	我在村里求助，村里人表示关心	
人际信任	您对亲戚朋友的信任程度	赵连杰等，2020
	您对同村居民的信任程度	
经济型政策	回收生活废旧物品的经济收益促使我回收家电产品	李献士，2016
	政府在节能产品方面的补贴促使我购买节能产品	
生态价值观	我希望在日常行为中能做到"保护环境"	史海霞，2017
	我希望在日常行为中能做到"防止污染"	
	我希望在日常行为中能做到"与自然界和谐相处"	

三　模型构建

为检验情感支持是否能够促进农村居民生活自愿亲环境行为，本书基于已有的研究构建如下基础回归模型：

$$ZY = \alpha_0 + \alpha_1 QG + \alpha_2 Con + \varepsilon_i \tag{9.1}$$

其中，ZY 表示农村居民生活自愿亲环境行为，QG 表示情感支持，Con 表示控制变量的集合，包括生态价值观、性别、年龄、文化程度等。ε_i 为随机误差项。

为了进一步检验情感支持对农村居民生活自愿亲环境行为的影响路径，本书在（9.1）式的基础上，借鉴温忠麟等（2004）的做法，采用逐步回归法检验人际信任的中介机制，构建如下方程：

$$RJ = \beta_0 + \beta_1 QG + \beta_2 Con + \varepsilon_i \tag{9.2}$$

$$ZY = \gamma_0 + \gamma_1 QG + \gamma_2 RJ + \gamma_3 Con + \varepsilon_i \tag{9.3}$$

其中，RJ 表示人际信任，其他变量的定义与模型（9.1）一致。

为检验政策工具对人际信任影响路径的调节作用，借鉴温忠麟和叶宝娟（2014）的方法，在中介模型的基础上构建有调节的中介效应模型：

$$ZY = \delta_0 + \delta_1 RJ + \delta_2 JJ + \delta_3 RJ \times JJ + \delta_4 QG + \delta_5 Con + \varepsilon_i \tag{9.4}$$

$$ZY = \zeta_0 + \zeta_1 RJ + \zeta_2 ML + \zeta_3 RJ \times ML + \zeta_4 QG + \zeta_5 Con + \varepsilon_i \tag{9.5}$$

其中，JJ、ML 分别表示经济型政策和命令型政策。$RJ \times JJ$、$RJ \times ML$ 分别表示人际信任与经济型政策、人际信任与命令型政策的交互项。

第四节 结果与分析

一 共同方法偏误检验

为了避免共同方法偏差对研究结果有影响，本书使用 Harman 单因子检验的方法对调查问卷中所有条目进行探索性因子分析，在未旋转时得到的第一个主成分的载荷量来反映数据同源性偏差程度。结果表明第一因子占解释变量的 21.87%，其他因子均在 5.52%—11.56% 之间，这说明同源性偏差对本书结果的影响很小。

二 信效度检验

为检验各潜变量的内部一致性，本书使用 Cronbach's α 值和组合信度（CR）进行检验。如表 9-2 所示，各潜变量的 Cronbach's α 值均高于 0.659，组合信度值超过 0.827，高于标准值 0.7，说明量表内部的一致性较好，为可接受的标准。

进一步对潜变量的聚合效度和区分效度进行检验。表 9-2 报告了各个题项的 CR 值、AVE 值、标准化因子载荷和 KMO 值，各潜变量题项的标准化因子载荷均超过 0.7，CR 值在 0.827—0.948 之间，KMO 值均在 0.5 及以上，说明问卷的聚合效度较好。

表 9 - 2　　　　　　　　信效度检验结果

潜变量	编号	α 值	CR	AVE	标准化因子载荷	KMO 值
自愿亲环境行为（ZY）	ZY1	0.683	0.827	0.616	0.828	0.645
	ZY2				0.716	
	ZY3				0.805	
情感支持（QG）	QG1	0.866	0.937	0.882	0.939	0.500
	QG2				0.939	
人际信任（XR）	XR1	0.659	0.855	0.747	0.864	0.500
	XR2				0.864	
经济型政策（JJ）	JJ1	0.737	0.894	0.808	0.890	0.500
	JJ2				0.890	
生态价值观（ST）	ST1	0.917	0.948	0.858	0.932	0.760
	ST2				0.926	
	ST3				0.920	

表 9 - 3 为区分效度的检验结果，可得各潜变量的 AVE 值超过 0.785，且 AVE 的平方根都远远超过其与其他潜变量间的相关系数值，表明各潜变量的区分效度达到较好的水平。

表 9 - 3　　　　　　　　区分效度检验结果

	自愿亲环境行为	情感支持	人际信任	经济型政策	生态价值观
自愿亲环境行为	0.785				
情感支持	0.200 ***	0.939			
人际信任	0.153 ***	0.291 ***	0.864		
经济型政策	0.173 ***	0.188 ***	0.103 **	0.899	
生态价值观	0.510 ***	0.257 ***	0.107 ***	0.135 ***	0.926

注：*** 、** 分别表示 1%、5% 的显著性水平；对角线数值为对应变量的 AVE 平方根。

三　实证结果与分析

本书的实证分析步骤是：首先，运用模型（1）探究情感支持和人际信任对农村居民生活自愿亲环境行为的影响。其次，检验人际信任的中介效应。最后，考察命令型政策、经济型政策对人际信任影响农村居民生活自愿亲环境行为的调节效应。

在对模型（1）估计之前，本书采用方差膨胀因子法进行共线性诊断，结果表明，所有变量的方差膨胀因子系数都在 2.31 及以下，小于标准值 10，因此不存在严重的多重共线性。表 9 - 4 汇报了情感支持和人际信任对农村居民生活自愿亲环境行为影响的估计结果。

表 9 - 4　　　　　　情感支持、人际信任对农村居民生活
自愿亲环境行为影响估计结果

	模型（1）	模型（2）	模型（3）
	自愿亲环境行为	人际信任	自愿亲环境行为
情感支持	0.088 **	0.199 **	0.066 *
	(2.50)	(6.03)	(1.83)
生态价值观	0.508 **	0.049	0.502 **
	(12.42)	(1.28)	(12.33)
性别	− 0.041	0.077	− 0.050
	(− 0.79)	(1.57)	(− 0.95)
年龄	− 0.001	0.007 **	− 0.002
	(− 0.66)	(3.19)	(− 0.99)
文化程度	0.061 *	0.029	0.058 *
	(1.77)	(0.89)	(1.69)
家庭年收入	0.031	0.038 **	0.026
	(1.52)	(2.01)	(1.31)
家庭人口数	0.096 **	0.059 **	0.089 **
	(3.06)	(2.01)	(2.86)
人际信任			0.110 **
			(2.51)
常数项	1.123 **	2.068 **	0.895 **
	(4.26)	(8.39)	(3.23)
样本量	593	593	593
调整后 R^2	0.282	0.122	0.289

注：*** 、** 、* 分别表示 1%、5%、10% 的显著性水平，括号内数值为标准误。

（一）情感支持和人际信任对农村居民生活自愿亲环境行为的影响

情感支持对农村居民生活自愿亲环境行为的影响显著为正，表明在农村生活中，他人的情感支持对于农村居民生活自愿亲环境行为的实施有重要促进作用。这主要是由于得到关心和理解的农村居民内心感到被重视，与他人的情感纽带也因此得到加强，这促使农村居民愿意做一些事来回报他人，如主动帮忙倒垃圾等。

人际信任对农村居民生活自愿亲环境行为有显著的正向影响，说明人际信任水平能推动农村居民主动实施亲环境行为。这可能是因为信任水平越高的农村居民得到关于环境保护方面的信息越多，如了解到生活垃圾的随意丢弃和焚烧会加剧农村的水土污染，甚至威胁到居民的安全和健康，这对于他们的生产和生活非常不利，那么农村居民就会自觉实行垃圾分类处理，减少煤炭等能源的消耗；此外，农村居民越信任他人，越会相信他人会保护环境，则其自身也能做相应的事情，而农村里低头不见抬头见的关系让农村居民间的言行举止受他人不自觉的监督，为了避免被别人说闲话，农村居民会主动做保护环境的事。

（二）人际信任的中介效应检验

为提高结果的准确性，本书进一步借鉴温忠麟和叶宝娟（2014）的方法，使用 Bootstrap 检验人际信任的中介效应，构建 95% 的置信区间，每次重复抽样 5000 次。中介效应的检验结果如表 9－5。

表 9－5　　　　　　　　　　中介效应检验结果

路径	效应	点估计值	系数相乘积		Bootstrapping	
					Percentiles 95% CI	
			SE	Z 值	Lower	Upper
情感支持→人际信任→自愿亲环境行为	间接效应	0.022	0.011	2.050	0.001	0.043
	直接效应	0.066	0.039	1.710	－0.010	0.142

从人际信任的中介传导机制上来看，间接效应的 Z 值为 2.05（P 值为 0.040），大于标准 1.96，且在 95% 的置信区间不包含 0，表明人际信任在情感支持和农村居民生活自愿亲环境行为之间的中介效应显著。即农

村居民得到的情感支持越多，对于他人的信任水平就越高，进而其在生活中越会积极主动地实施自愿亲环境行为。

（三）政策工具的调节作用

对于不同政策工具的实施，农村居民的人际信任水平对其生活自愿亲环境行为的影响可能存在差异。因此本书对命令型政策和经济型政策在农村居民的人际信任对其生活自愿亲环境行为的影响中的调节作用进行检验，估计结果见表9-6。

表9-6 **不同政策工具下人际信任对农村居民生活**
自愿亲环境行为影响估计结果

	（4）调节变量：命令型政策		（5）调节变量：经济型政策	
	基础回归	命令型交互	基础回归	经济型交互
情感支持	0.043	0.041	0.053	0.052
	(1.22)	(1.14)	(1.45)	(1.42)
人际信任	0.093**	-0.184	0.103**	0.105**
	(2.17)	(-1.10)	(2.35)	(2.39)
命令型政策	0.144**	-0.103		
	(5.27)	(-0.71)		
经济型政策			0.071**	0.069**
			(2.72)	(2.64)
命令型政策*人际信任		0.069*		
		(1.72)		
经济型政策*人际信任				-0.057
				(-1.38)
控制变量	已控制	已控制	已控制	已控制
常数项	0.680**	0.585**	0.712**	0.713**
	(2.48)	(2.12)	(2.51)	(2.51)
样本量	593	593	593	593
调整后 R^2	0.320	0.322	0.296	0.297

注：**、*分别表示5%、10%的显著性水平，括号内数值为标准误。

命令型政策与人际信任的交叉项对农村居民生活自愿亲环境行为有显著的正向影响，说明命令型政策在人际信任对农村居民生活亲环境行为具有显著的正向调节作用，表明在命令型政策的实施下，农村居民的人际信任水平对其生活自愿亲环境行为的促进作用更大。其原因可能是随着命令型政策的落实，农村居民之间的信任程度提高，彼此之间分享了更多关于管理规定的信息，如《中华人民共和国环境防治法》规定任何人对其所造成的环境污染依法承担责任，这打破了农村居民之间的信息不对称问题，降低了其"搭便车"行为的可能性，从而使农村居民会主动承担起保护环境的责任。信任水平越高的农村居民获得的信息越多，命令型政策就更加促进农村居民在生活中自觉保护环境。

四　稳健性检验

为进一步检验估计结果的稳健性和可靠性，借鉴唐林等（2021）的做法，将研究样本的受访者的家庭年收入分为两组，即收入在3万元及以下和3万元以上两组，分别进行样本解释以验证其稳健性，结果见表9－7。如表9－7所示，模型6和模型7中，家庭年收入在3万元及以下的农村居民和家庭年收入在3万元以上的农村居民的情感支持系数仍然为正，说明估计结果是稳健的。

表9－7　　　　　　　　　稳健性检验结果

变量	自愿亲环境行为（模型6）	自愿亲环境行为（模型7）
	家庭年收入≤3万元	家庭年收入＞3万元
情感支持	0.053	0.134**
	(1.17)	(2.38)
生态价值观	0.542***	0.467***
	(9.96)	(7.36)
性别	0.026	−0.087
	(0.40)	(−1.00)
年龄	−0.001	−0.003
	(−0.31)	(−0.84)

变量	自愿亲环境行为（模型6）	自愿亲环境行为（模型7）
	家庭年收入≤3万元	家庭年收入>3万元
文化程度	0.040	0.085
	(0.89)	(1.57)
家庭人口数	0.094**	0.111**
	(2.45)	(2.04)
常数项	1.165***	1.217***
	(3.30)	(3.03)
调整后的 R^2	0.281	0.274
样本数	348	245

注：***、**分别表示1%、5%的显著性水平，括号内数值为标准误。

第五节 研究结论与政策启示

一 研究结论

本书基于国家生态文明试验区（江西）农村居民的调研数据，研究情感支持和人际信任对农村居民生活自愿亲环境行为的影响，并且考察政策工具在人际信任影响农村居民生活自愿亲环境行为中的调节效应。研究发现：第一，情感支持和人际信任水平有利于农村居民在生活中自愿实施亲环境行为。第二，人际信任在情感支持对农村居民生活自愿亲环境行为影响的过程中起中介作用。第三，命令型政策在农村居民人际信任水平对生活自愿亲环境行为的影响中有显著的调节效应，即命令型政策的实施强化了人际信任对农村居民生活主动实施亲环境行为的促进作用。

二 政策启示

依据上述研究结论，得到如下政策启示：（1）发挥情感支持的积极作用。政府通过积极宣传"促进沟通，理解关爱"等概念鼓励农村居民之间的沟通交流，引导农村居民对他人的保护环境的行为予以关心、支持和理解，提升农村居民的情感支持，从而形成全村共同主动参与亲环境的格局。（2）提高人际信任水平。政府通过村委会加强农村公共文化建设，深入农村地区普及环保知识，如举办环保知识问答活动等，为农村居民之间有关环保的互动和交流提供机会，提升农村居民间的信任水平。（3）进一步完善命令型政策。政府适度加大对农村居民不主动保护环境的监管力度和惩罚力度，提高农村居民污染环境的违约成本等，同时发挥农村居民之间自我监督和管理作用，巩固政策的实施效果。

第十章

规范激活理论视角下农村居民
自愿亲环境行为发生机制研究

第一节 引言

《"美丽中国，我是行动者"提升公民生态文明意识行动计划(2021—2025年)》中明确提出要"把对美好生态环境的向往进一步转化为行动自觉"，可见，引导农村居民在生活中自愿实施亲环境行为对于保护生态环境至关重要，是推进美丽中国建设的重要方式。个人规范是影响居民主动实施亲环境行为的一个重要因素，对于农村居民来说，激活个人规范是引导农村居民自愿实施亲环境行为的关键。规范激活理论能够很好地解释个人规范如何被激活，根据该理论，后果意识和责任归属可以激活个人规范，从而对农村居民自愿亲环境行为产生积极影响。该理论为探讨农村居民自愿亲环境行为的发生机制提供了一个新的研究视角。此外，也有研究发现生态价值观和环境情感也有助于激活居民的个人规范。因此，本书将生态价值观和环境情感加入规范激活理论，以探讨农村居民自愿亲环境行为的发生机制。

既有关于居民亲环境行为的研究，主要集中在三个方面：一是关于亲环境行为概念的界定，现有研究尚未形成一致观点。如王建明和吴龙昌(2015)认为，亲环境行为是指人们使自身活动对生态环境的负面影响尽量降低的行为。Scannell和Gifford(2010)认为，亲环境行为是在面对生态环境问题时，个体以其独立思考能力和行为能力作出改善生态环境的行为。芦慧和陈振(2020)将亲环境行为定义为在基因选择和文化选择下产生的规范，因为人们产生保护环境的动机而采取的环保行为。二是关于居民亲环境行为分类的研究，学者主要是从研究对象、动机、实施领域等方面进行分类。如根据研究对象，可分为城市居民亲环境行为和农村居民亲环境行为。一些学者研究表明，城市居民和农村居民在亲环境行为上存在着较大差异，农村居民的亲环境行为通常要少于城市居民。依据亲环境行为产生的动机，有学者将居民亲环境行为划分为内源亲环境行为（自愿亲环境行为）和外源亲环境行为（被迫亲环境行为）。还有学者根据农村居民实施亲环境行为领域的不同，将其分为生产领域亲环境行为和生活领域亲环境行为。对农村居民生产领域亲环境行为的研究主要集中在秸秆处理行为、有机肥施用行为等；对农村居民生活领域亲环境行为的研究主要聚焦在生态管理如节能行为、清洁能源应用行为、生活垃圾源头分类处理行为等、财务行动如绿色购买行为等。三是关于居民自愿和被迫亲环境行为影响因素的研究，既有研究发现，城市居民自愿亲环境行为和被迫亲环境行为的影响因素存在显著差别。如芦慧等（2020）认为，自利性环保动机正向影响居民内源亲环境行为，而工具性环保动机正向影响居民的外源亲环境行为。

既有居民亲环境行为研究为本书提供了有益参考和借鉴，但仍存在以下不足：一是关于居民内源亲环境行为影响因素的研究主要集中在城市居民，较少关注农村居民；二是对农村居民亲环境行为的研究忽视了自愿亲环境行为与被迫亲环境行为之间的差异，专门研究农村居民自愿亲环境行为的文献更是鲜见。本书借鉴王建明、吴龙昌（2015）和芦慧、陈振（2020）的研究，将农村居民自愿亲环境行为界定为：农村居民在生活中自愿使自身活动对生态环境的负面影响尽量降低的行为。为此，本书基于拓展的规范激活理论模型，采用国家生态文明试验区江西省593个农村居民调查数据，研究农村居民自愿亲环境行为的发生机制。

第二节　研究假说

个人规范是指农村居民在生活中具有主动采取措施保护环境的道德义务感，否则会产生愧疚等负面情绪，认为自身违反了环保道德准则。规范激活理论认为责任归属会影响个体的个人规范。农村居民的责任归属程度越强，越会因为没有保护环境而感到愧疚，形成自愿亲环境的个人规范的可能性就越大。既有研究也证实，责任归属有利于激活农村居民的个人规范。在农村居民自愿亲环境行为方面，农村居民在日常生活中会面临个人利益还是公共利益的两难选择，若农村居民认为自己对不实施亲环境行为可能带来的极端天气频发、能源危机等危害后果负有责任，就会更倾向于作出主动利他的亲环境行为。基于上述分析，提出研究假说 1：责任归属对农村居民自愿亲环境的个人规范有正向影响。

规范激活理论认为个体的后果意识可以激活个人规范，有研究表明后果意识会影响居民亲环境个人规范。如吕荣胜等（2016）指出，不节能危害后果认知可以激活居民的个人规范；郭清卉等（2019）发现，农户不履行亲环境行为的后果意识对其亲环境个人规范有积极影响。具体到农村居民自愿亲环境行为，当农村居民认识到在生活中如果不主动实行亲环境行为，将会产生水土污染、雾霾等危害时，就会主动关注环境问题，从而激活农村居民自愿亲环境的个人规范。为此，提出研究假说 2：后果意识对农村居民自愿亲环境的个人规范有直接正向影响。

价值观—信念—规范理论认为生态价值观会影响个体的个人规范。有学者在研究农村居民生态价值观与个人规范的关系时发现，农村居民生态价值观的树立有利于激活其个人规范。Antonetti 等（2014）认为，利他价值观对消费者的个人规范有正向影响；王世进和周慧颖（2019）研究得出，环境价值观正向作用于消费者生态消费行为。生态价值观强的农村居民会对亲环境行为形成价值判断，当自身行为违背价值判断时会感到愧疚，当自身行为符合价值判断时则会感到自豪，这有利于刺激其自愿亲环境个人规范的建立。为此，提出研究假说 3：生态价值观对农村居民自愿亲环境的个人规范有正向影响。

环境情感可分为积极情感和消极情感。Bamberg 等（2007）将愧疚加入规范激活理论框架中，认为其对个人规范有正向影响。既有研究表明，积极情感和消极情感对个人规范有显著影响。如 Hunecke 等（2001）研究发现，情感对于个人规范有正向影响。农村居民通过对自己和他人保护环境行为而产生的自豪感和赞许，促使其形成道德义务感。当农村居民越认同自己和他人的亲环境行为时，其内心的愉悦度越高，强大的情感驱动力会激活其个人规范。与此同时，当农村居民在生活中看到他人破坏环境或者自己做了破坏环境的事时，就会在内心产生厌恶感和愧疚感，认为做这样的事并不正确，这也会激活农村居民内心的个人规范。因此，农村居民的积极情感或消极情感越强烈，越容易激活其自愿亲环境的个人规范。根据以上分析，提出研究假说4：积极情感、消极情感对农村居民自愿亲环境的个人规范有正向影响。

规范激活理论认为个人规范直接影响个体的行为。对于农村居民自愿亲环境行为来说，当农村居民有较强的个人规范时，会时常反思自己的行为，如果没有实施亲环境行为，就会感到有愧于心，从而产生后悔、自责等情绪，进而会自觉实施亲环境行为以缓解其负面情绪；而若农村居民实施了亲环境行为，其可能会产生自豪感和优越感，这会促使其更加积极主动地实施亲环境行为。既有关于个人规范与农村居民亲环境行为关系研究的文献也佐证了这一点。基于此，提出研究假说5：个人规范对农村居民自愿亲环境行为有正向影响。

在环境行为领域，一些学者研究证实了后果意识对于居民亲环境行为的正向影响。农村居民对不主动实施亲环境行为导致的后果认知可直接影响其自愿亲环境行为。若农村居民意识到不实施亲环境行为对其有害，就会愿意主动实施亲环境行为，反之就不会自觉实施亲环境行为。具体而言，农村居民在日常生活中意识到不保护环境会导致土地荒漠化、固体废弃物污染等问题，会对其生产和生活产生较大不便，而实施亲环境行为能够解决此类环境问题、优化生态环境，则其主动实施亲环境行为的可能性就较大。农村居民对环境被破坏的危害认知越深刻，越会自觉实施亲环境行为。根据以上分析，提出研究假说6：后果意识对农村居民自愿亲环境行为有直接正向影响。

价值观—信念—规范理论认为生态价值观会影响个体的亲环境行为。诸多研究也证实了农村居民的生态价值观对其亲环境行为有显著正向影响。如么桂杰（2014）认为，儒家价值观对中国居民环保行为有直接和间接的正向影响；石志恒等（2018）指出，环境价值观能促进农村居民亲环境行为。在农村居民日常生活中，有环境友好生态价值观的农村居民会关注和思考生态环境问题，认为主动实施亲环境行为能给其生活带来福祉和利益，因此更会自愿实施亲环境行为。基于上述生态价值观的特性，提出研究假说7：生态价值观对于农村居民自愿亲环境行为有直接正向影响。

基于以上分析，本书提出农村居民自愿亲环境行为影响因素的理论模型（见图10-1）。

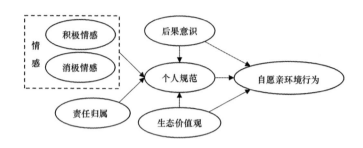

图10-1 农村居民自愿亲环境行为影响因素的理论模型

第三节 研究设计

一 数据来源与样本特征

本书数据来自2020年12月—2021年3月在国家生态文明试验区江西省农村的实地调研，采用分层抽样和随机抽样相结合的方式选择样本农村居民，共采集了635份问卷，在删除无效和信息不完全的问卷后，共得到有效问卷593份，问卷有效率为93.39%。

在593个农村居民样本中，从年龄来看，样本以中老年为主，41—60岁的受访者所占比重较高，为41.48%，60岁以上受访者占比约为13.49%；从文化程度来看，有55.31%的受访对象仅接受过初中及以下阶段的教育，文化程度整体偏低。依据《江西统计年鉴（2020）》数据，2019年江西省农村40岁及以上的居民占比为54.11%，农村居民受教育程度大多在初中及以下水平，说明本书样本总体特征与江西省农村的现实状况大致相当，有较强的代表性。

二 变量设置

本书所选取的各潜变量均采用李克特5级量表测量，其中"1"表示完全不同意,"5"表示完全同意。

（一）被解释变量

本书的被解释变量为农村居民自愿亲环境行为,参考芦慧和陈振（2020）的研究,由3个题项构成,如"我会自愿把厨余垃圾与其他垃圾分开"等。

（二）核心解释变量

本书的核心解释变量包括后果意识、责任归属、生态价值观、积极情感、消极情感。对于后果意识的测量借鉴 Fan 等（2018）、Vassanadum-rongdee 和 Kittipongvises（2018）、张晓杰等（2016）的研究,由4个题项构成,如"资源浪费对我的家人和后代来说将是一个问题"等。对于责任归属的测量,参照申静等（2020）、张晓杰等（2016）、Wang 等（2019）的研究,由3个题项构成,如"我觉得在我的日常生活中有责任进行垃圾分类"等。对于生态价值观的测量改编自史海霞（2017）的量表,由3个题项构成,如"我希望在日常行为中能做到'保护环境'"等。对于积极情感的测量参考王建明、吴龙昌（2015）的研究,由2个题项构成,如"看到别人实施保护环境行为,我会很赞许"等。对于消极情感的测量借鉴王建明的研究,由2个题项构成,如"看到别人破坏环境、浪费资源,我会感到很讨厌"等。

（三）中介变量

本书的中介变量为个人规范,参考石志恒和张衡（2020）的研究,由3个题项构成,如"实施亲环境行为（如垃圾分类、节电等）更符合我的身份地位"等。

（四）控制变量

既有研究发现,个人特征、家庭特征等对农村居民生活亲环境行为有重要影响。此外,提供设施服务、宣传教育等情境因素亦是影响农村居民亲环境行为的重要因素。因此,本书借鉴既有研究,将农村居民个人特征、家庭特征、村里是否设立了生活垃圾投放点、环保宣传渠道作为控制变量。

控制变量具体说明如下:年龄（农村居民的实际年龄）,性别（1＝男,0＝女）,文化程度（1＝小学及以下、2＝初中、3＝高中及以上且本科以下、4＝本科及以上）,婚姻状况（1＝未婚、2＝已婚、3＝离异）,

年收入（1 = 年收入在 1 万元及以下，2 = 年收入在 1 万元以上、3 万元及以下，3 = 年收入在 3 万元以上、5 万元及以下，4 = 年收入在 5 万元以上、8 万元及以下，5 = 年收入为 8 万元以上），村里是否设立了生活垃圾投放点（0 = 否、1 = 是），宣传环保的渠道类别：是否同意通过村干部的宣传了解到要垃圾分类（1 = 完全不同意、2 = 比较不同意、3 = 不确定、4 = 比较同意、5 = 完全同意）。

各潜变量的测量题项见表 10 - 1。

表 10 - 1   各潜变量测量题项

潜变量	测量题项
自愿亲环境行为	我会自愿把可回收垃圾（如纸壳、金属等）与其他垃圾分开
	我会自愿把有害垃圾与其他垃圾分开
	我会自愿把厨余垃圾与其他垃圾分开
后果意识	资源浪费对我的家人和后代来说将是一个问题
	我国生活垃圾问题日益严重，将严重影响环境和人类健康
	生活垃圾不进行分类处理会造成资源浪费
	生活垃圾不进行分类处理会造成环境污染
责任归属	我觉得在我的日常生活中有责任把垃圾分类
	生活垃圾不分类造成资源的浪费我有很大责任
	因能源消耗（如煤炭等）导致的生态破坏，我有很大责任
生态价值观	我希望在日常行为中能做到"保护环境"
	我希望在日常行为中能做到"防止污染"
	我希望在日常行为中能做到"与自然界和谐相处"
个人规范	实施亲环境行为（如垃圾分类、节电等）更符合我的身份地位
	我的家人认为应该实施亲环境行为（如垃圾分类、节电等）
	我的邻居认为应该实施亲环境行为（如垃圾分类、节电等）
积极情感	看到别人实施保护环境行为，我会很赞许
	如果我实施保护环境行为，我会感到很自豪
消极情感	看到别人破坏环境、浪费资源，我会感到很讨厌
	如果我不保护环境、节约资源，我会感到很内疚

三　模型构建

本书借鉴温忠麟等（2004）的做法，采用逐步回归法检验个人规范的中介机制，构建如下方程：

$$ZY = \alpha_0 + \alpha_1 HG + \alpha_2 ZR + \alpha_3 ST + \alpha_4 JJ + \alpha_5 XJ + \alpha_6 Con + \varepsilon_i$$

（10.1）

$$GF = \beta_0 + \beta_1 HG + \beta_2 ZR + \beta_3 ST + \beta_4 JJ + \beta_5 XJ + \beta_6 Con + \varepsilon_i$$

（10.2）

$$ZY = \gamma_0 + \gamma_1 HG + \gamma_2 ZR + \gamma_3 ST + \gamma_4 JJ + \gamma_5 XJ + \gamma_6 GF + \gamma_7 Con + \varepsilon_i$$

（10.3）

其中，ZY 表示农村居民自愿亲环境行为；HG、ZR、ST、JJ、XJ 分别表示后果意识、责任归属、生态价值观、积极情感、消极情感；GF 表示中介变量个人规范；Con 是控制变量的集合，包括性别、年龄、文化程度、婚姻状况、年收入、村里有无生活垃圾点投放、环保宣传渠道；ε_i 为随机误差项。

第四节　结果与分析

一　共同方法偏误检验

本书采用 Harman 单因子法对量表所有变量的条目进行探索性因子分析，以避免同源性方差影响研究结论，若未旋转得到的单因子解释变异越多，则表明共同方法偏差程度越大。结果显示，共生成 5 个因子，第一因子对题项的方差解释比为 37.49%，小于评价标准的 40%，说明本书所用的样本不存在严重共同方法偏差。

二　信效度检验

本书使用 Cronbach's α 值和组合信度（CR）测量各潜变量的内部一致性，问卷总的 Cronbach's α 值为 0.845，各潜变量的 Cronbach's α 值都超过 0.678，CR 值也都超过标准值 0.7，表示其内部一致性较好，在可接受标准内。

同时，通过组合信度（CR）、平均方差抽取量（AVE）、标准化因子载荷和 KMO 值对调查问卷的聚合效度和区分效度进行检验，结果见表 10-2。可知各潜变量的 CR 值区间为 0.827—0.948，均高于临界值 0.6，表明这 7 个潜变量有较好的聚合效度。"因能源消耗（如煤炭等）导致的生态破坏，我有很大责任"题项的效度检验结果因不符合标准而删去，剔除后各潜变量题项的标准化因子载荷均大于 0.713，KMO 值均在 0.5 及以上，说明各潜变量的区分效度较好。

表 10-2　　　　　　　　　　　信效度检验结果

潜变量	编号	α 值	CR	AVE	标准化因子载荷	KMO 值
自愿亲环境行为（ZY）	ZY1	0.683	0.827	0.616	0.828	0.645
	ZY2				0.716	
	ZY3				0.805	
后果意识（HG）	HG1	0.807	0.879	0.645	0.712	0.733
	HG2				0.785	
	HG3				0.855	
	HG4				0.852	
责任归属（ZR）	ZR1	0.678	0.865	0.762	0.873	0.500
	ZR2				0.873	
生态价值观（ST）	ST1	0.917	0.948	0.858	0.932	0.760
	ST2				0.926	
	ST3				0.920	
个人规范（GF）	GF1	0.762	0.869	0.691	0.718	0.640
	GF2				0.876	
	GF2				0.888	
积极情感（JJ）	JJ1	0.756	0.893	0.806	0.898	0.500
	JJ2				0.898	
消极情感（XJ）	XJ1	0.748	0.888	0.799	0.894	0.500
	XJ2				0.894	

进一步地采用平均方差抽取量（AVE）进行区别效度检验，结果如表 10-3 所示；可知 7 个潜变量的 AVE 平方根都超过 0.6，且明显高于其

与其他潜变量的相关系数，说明量表各潜变量间区别效度良好。

表 10 - 3　　　　　　　　　　区别效度检验结果

潜变量	自愿亲环境行为	后果意识	责任归属	生态价值观	个人规范	积极情感	消极情感
自愿亲环境行为	0.784						
后果意识	0.549***	0.803					
责任归属	0.493***	0.515***	0.873				
生态价值观	0.510***	0.457***	0.403***	0.926			
个人规范	0.395***	0.340***	0.370***	0.339***	0.831		
积极情感	0.451***	0.440***	0.397***	0.439***	0.423***	0.897	
消极情感	0.469***	0.448***	0.426***	0.439***	0.454***	0.597***	0.894

注：*** 表示 1% 的显著性水平，对角线数值为对应变量的 AVE 平方根。

三　模型估计结果

在对模型（1）进行估计前，为检验农村居民的后果意识、责任归属、生态价值观、积极情感、消极情感之间是否存在共线性，本书采用方差膨胀因子法对所有自变量进行共线性诊断，结果显示各解释变量的方差膨胀因子（VIF）均小于 1.76，低于标准值 2.0，表明本书选取的各自变量之间不存在严重的多重共线性。农村居民自愿亲环境行为影响因素的估计结果如表 10 - 4 所示。

表 10 - 4　　　　农村居民自愿亲环境行为的估计结果

变量	自愿亲环境行为（模型1）	个人规范（模型2）	自愿亲环境行为（模型3）
后果意识	0.296**	0.062	0.292**
	(6.87)	(1.12)	(6.79)
责任归属	0.159**	0.208**	0.144**
	(4.89)	(4.95)	(4.37)
生态价值观	0.254**	0.099*	0.247**
	(6.22)	(1.88)	(6.06)

续表

变量	自愿亲环境行为 （模型 1）	个人规范 （模型 2）	自愿亲环境行为 （模型 3）
积极情感	0.078*	0.172**	0.066*
	(1.96)	(3.31)	(1.65)
消极情感	0.115**	0.217**	0.100**
	(3.27)	(4.78)	(2.80)
性别	-0.064	0.028	-0.066
	(-1.37)	(0.46)	(-1.42)
年龄	0.000	0.004	-0.000
	(0.01)	(1.21)	(-0.10)
文化程度	0.041	0.043	0.038
	(1.29)	(1.03)	(1.20)
婚姻状况	0.059	0.155	0.048
	(0.77)	(1.56)	(0.63)
年收入	0.026	0.001	0.025
	(1.35)	(0.05)	(1.35)
村里是否有生活垃圾投放点	0.200*	-0.017	0.201*
	(1.73)	(-0.11)	(1.75)
渠道类别	-0.001	0.095**	-0.008
	(-0.06)	(3.71)	(-0.39)
个人规范			0.069**
			(2.17)
常数项	-0.031	-0.183	-0.018
	(-0.12)	(-0.53)	(-0.07)
调整后的 R^2	0.459	0.311	0.461
F 值	40.589	24.217	38.070
样本数	593		

注：**、*分别表示5%、10%的显著性水平，括号内数值为标准误。

从表10-4中模型1的估计结果可知，后果意识对农村居民自愿亲环境行为的影响在1%水平上显著为正，故假说6成立。说明农村居民对不主动实施亲环境行为而产生的危害后果意识越强，越有利于促进其自愿实施亲环境行为。原因可能是农村居民意识到不保护环境就会对环境造成破坏，极端天气、自然灾害等现象就会频发，尤其是江西农村地区生活污水泄漏直排等环境问题突出，这影响到他们的身体健康和农业生产，因此农村居民会愿意利用公共设施集中排放污水而不是随处排放。

责任归属对农村居民自愿亲环境行为的影响在1%水平上显著为正，表明农村居民认为自己对不主动实施亲环境行为产生的危害后果有责任，这种认识有利于其自觉实施亲环境行为。可能的解释是责任感强的农村居民认为实施垃圾分类等亲环境行为应该是自己分内的事情，自己有责任积极主动地采取行动保护生态环境，责任感越强的农村居民越会主动承担垃圾分类等亲环境行为。

生态价值观对农村居民自愿亲环境行为的影响在1%水平上显著为正，说明生态价值观强的农村居民会主动实施亲环境行为，假说7得到了验证。根据价值观—信念—规范理论，这可能是由于农村居民的生态价值观越强，越会认为自己应该保护环境，在日常生活中会更关注他人的利益和环境保护，如使用卫生厕所不仅便利了自己的生活，还有利于改善整个村庄的人居环境，因此农村居民更倾向于主动实施此类亲环境行为。

积极情感对农村居民自愿亲环境行为的影响在10%水平上显著为正。即农村居民的积极情感对其在生活中实施自愿亲环境行为有重要作用。原因在于具有积极情感的农村居民认同和赞许他人保护环境的行为，久而久之会被他人保护环境的行为所感化，进而主动实施生活垃圾分类等亲环境行为，并且农村居民还会因自己实施此类亲环境行为而产生自豪感，为了保持这种愉悦的情感体验，农村居民在生活中会自觉实施亲环境行为。

消极情感对农村居民自愿亲环境行为的影响在1%水平上显著为正。表明农村居民的消极情感越强烈，越有可能自愿实施亲环境行为。可能是由于具有消极情感的农村居民在生活中对于自己不保护环境的行为有愧疚感，同时厌恶他人破坏环境的行为如随手扔垃圾、浪费水资源等。这种厌恶和愧疚感让农村居民的内心感到痛苦，为了减轻这种痛苦，农村居民会主动做保护环境的事予以弥补。

四 稳健性检验

为检验回归结果的稳健性，本书根据国际通用的老龄人口划分标准，将研究样本的受访者年龄分为两组，分别为 60 岁以下的"年轻组农村居民"和 60 岁及以上的"年老组农村居民"，分别进行回归以验证其稳健性，结果见表 10 - 5。由表 10 - 5 中第（1）列和第（2）列结果可知，年轻组农村居民和年老组农村居民的各解释变量对农村居民自愿亲环境行为的影响基本显著，且作用方向与模型（1）一致，证明基础回归结果是稳健的。

表 10 - 5   稳健性检验的回归结果

变量	自愿亲环境行为（1）	自愿亲环境行为（2）
	年轻组农村居民	年老组农村居民
后果意识	0.307 ***	0.249 *
	(6.74)	(1.84)
责任归属	0.175 ***	0.003
	(4.97)	(0.03)
生态价值观	0.282 ***	0.129
	(6.43)	(1.00)
积极情感	0.057	0.113
	0.057	(0.87)
消极情感	0.095 **	0.358 **
	(2.62)	(2.67)
常数项	- 0.001	0.708
	(- 0.00)	(0.56)
控制变量	已控制	已控制
调整后的 R^2	0.443	0.457
F 值	34.629	6.890
样本数	508	85

注：***、**、*分别表示 1%、5%、10% 的显著性水平，括号内数值为标准误。

五 中介效应检验

本书借鉴温忠麟和叶宝娟（2014）的做法，Bootstrap 方法被认为是检验中介效应最常见和有效的一种方法，采用 Bootstrap 方法对个人规范的中介效应进行检验，每次重复抽样 5000 次，中介效应的分析结果如表 10 - 6 所示。结果显示，个人规范在后果意识与自愿亲环境行为的关系中的直接效应和间接效应的置信区间均不包含 0，且对应的 Z 值分别为 11.240 和 4.390（P 值均为 0.000），大于标准值 1.96，说明个人规范在后果意识与自愿亲环境行为间的中介作用显著。个人规范在责任归属对自愿亲环境行为的影响的直接效应和间接效应的置信区间同样不包含 0，且 Z 值分别为 7.740 和 4.700，说明农村居民的责任归属感越强，其个人规范被激活的程度越高，主动实施亲环境行为的可能性越大。从个人规范在生态价值观与自愿亲环境行为之间的中介传导机制上看，直接效应和间接效应的 Z 值分别为 10.330 和 4.520，95% 的置信区间不包括 0，表明个人规范在生态价值观与农村居民自愿亲环境行为之间的中介效应显著。从个人规范在积极情感与自愿亲环境行为之间的中介传导机制看，个人规范的直接效应和间接效应的 Z 值分别为 6.860 和 4.560，并且在 95% 的置信区间里不包含 0，表明个人规范在积极情感与农村居民自愿亲环境行为之间的中介效应显著。消极情感→自愿亲环境行为的直接效应和间接效应的 Z 值分别为 7.090 和 4.390，与此同时，在 95% 置信度下 Percentile Method 间接效应置信区间不包含 0，表明个人规范在消极情感与农村居民自愿亲环境行为之间的中介效应显著。综上，研究假说 1—7 得到验证。

表 10 - 6　　　　　　　　　中介效应检验结果

路径	效应	点估计值	系数相乘积		Bootstrapping Percentiles 95% CI	
			SE	Z 值	Lower	Upper
后果意识→个人规范→	间接效应	0.080	0.018	4.390	0.044	0.116
自愿亲环境行为	直接效应	0.507	0.045	11.240	0.418	0.595
责任归属→个人规范→	间接效应	0.082	0.018	4.700	0.048	0.117
自愿亲环境行为	直接效应	0.301	0.039	7.740	0.225	0.377

续表

路径	效应	点估计值	系数相乘积		Bootstrapping	
					Percentiles 95% CI	
			SE	Z 值	Lower	Upper
生态价值观→个人规范→	间接效应	0.082	0.018	4.520	0.046	0.117
自愿亲环境行为	直接效应	0.450	0.044	10.330	0.365	0.535
积极情感→个人规范→	间接效应	0.094	0.021	4.560	0.054	0.134
自愿亲环境行为	直接效应	0.316	0.046	6.860	0.226	0.406
消极情感→个人规范→	间接效应	0.078	0.018	4.390	0.043	0.113
自愿亲环境行为	直接效应	0.305	0.043	7.090	0.221	0.390

　　为了进一步探讨各潜变量之间的直接效应、间接效应和总效应，本书将计算结果汇总于表 10 - 7。由表 10 - 7 可知，对农村居民自愿亲环境行为影响最大的是后果意识（0.587），其次是生态价值观（0.532）；对农村居民个人规范影响最大的是消极情感（0.217），其次是责任归属（0.208）。因此，要引导农村居民在生活中自愿实施亲环境行为，首先要通过一些微信、抖音等短视频使农村居民具备危害后果意识，其次是要通过宣传教育培养其生态价值观，强化农村居民的个人规范，进而促使其形成自愿亲环境行为。

表 10 - 7　　　　　　潜变量之间直接效应、间接效应和总效应

路径	直接效应	间接效应	总效应
后果意识→个人规范	0.062	0	0.062
责任归属→个人规范	0.208	0	0.208
生态价值观→个人规范	0.099	0	0.099
积极情感→个人规范	0.172	0	0.172
消极情感→个人规范	0.217	0	0.217
后果意识→自愿亲环境行为	0.507	0.080	0.587
责任归属→自愿亲环境行为	0.301	0.082	0.383
生态价值观→自愿亲环境行为	0.450	0.082	0.532
积极情感→自愿亲环境行为	0.316	0.094	0.410
消极情感→自愿亲环境行为	0.305	0.078	0.383

注：根据表 10 - 4 和表 10 - 6 的结果计算总效应（总效应 = 直接效应 + 间接效应）。

第五节　结论及建议

一　研究结论

引导农村居民在生活中自愿实施亲环境行为对于美丽乡村建设尤为重要。本书将生态价值观和环境情感引入规范激活理论，构建农村居民自愿亲环境行为理论模型，采用国家生态文明试验区江西省的农村居民调查数据进行实证分析。研究发现：后果意识、责任归属、生态价值观、积极情感、消极情感和个人规范对农村居民自愿亲环境行为有直接正向影响；Bootstrap 中介效应检验结果显示，后果意识、责任归属、积极情感、消极情感和生态价值观通过个人规范间接影响农村居民自愿亲环境行为；对农村居民自愿亲环境行为影响最大的是后果意识；对农村居民个人规范影响最大的是消极情感。

二　政策启示

基于以上研究结论，得到如下启示：一是进一步增强农村居民环保意识。鼓励将环境保护等要求添加到村规民约中，对破坏环境的农村居民加强教育和约束管理，引导其在日常生活中进行自我监督和管理，并结合生态环境违法行为举报奖励等活动加强村民维护村庄环境的意识。二是培养农村居民的生态价值观。政府相关部门把使用卫生厕所、做好垃圾分类等纳入学校、家庭以及社会教育的内容中，如定期在农村举办生态环保知识竞赛、"生态环境宣传月"等活动，通过引导农村居民参加这些活动提高其环保素养，树立生态价值观。三是唤醒农村居民的环境情感。政府通过公益广告、短视频平台等渠道宣传报道一些因农村居民主动参与环境保护从而使乡村变美的典型案例，如宣传具有江西特色的"一村一品"示范村镇等，并通过宣传赣鄱文化与绿色生态文化紧密相连的理念来唤醒农村居民的环境情感，引导其在日常生活中积极主动地保护环境。

第十一章

农村居民生活自愿亲环境行为的
影响因素及其层级结构研究

第一节 引言

生态宜居是乡村振兴的重要内容。农村居民是生态宜居美丽乡村建设的主体，引导农村居民在生活中自愿实施亲环境行为是实现乡村振兴战略的重要途径。改善农村人居环境事关美丽乡村建设。2021 年国务院颁发的《农村人居环境整治提升五年行动计划（2021—2025 年）》强调要"充分发挥农民主体作用，激发自愿改善农村人居环境的内生动力"，"让农民自觉参与环境整治"。改善农村人居环境的关键是引导农村居民自觉实施亲环境行为。然而，现有农村居民生活亲环境行为的研究主要聚焦在亲环境行为的影响因素，忽视了亲环境行为的主动性问题。因此，为了更好地引导农村居民在生活中自愿实施亲环境行为，有必要识别农村居民生活自愿亲环境行为的影响因素，揭示这些因素的作用机理。

现有居民亲环境行为的研究成果丰硕，主要集中在三个方面：一是居民亲环境行为的概念及分类。芦慧等（2020）基于主动与被动特征，将居民亲环境行为分为内源亲环境行为和外源亲环境行为，认为内源亲环境行为是指个体受到内在动机的驱动，出于自愿、自觉或积极响应主流价值观等目的而主动实施亲环境行为。本书借鉴芦慧等（2020）的研究，将农村居民生活自愿亲环境行为界定为农村居民出于对环保制度规范的认可，主动遵循环保规范，在生活中自觉地实施亲环境行为。二是研究居民内源亲环境行为的影响因素，主要聚焦在城市居民。已有研究发现，城市居民内源亲环境行为会受到自利性环保动机的影响，且自利性环保动机与城市居民内源亲环境行为的关系会受到工具性环保动机的负向调节和规范性环保动机的正向调节。三是城乡居民亲环境行为差异的研究。有研究表明，居民亲环境行为存在城乡差异（Ao 等，2022）。顾海娥（2021）发现城乡因素对居民亲环境行为有显著影响，城市居民比农村居民更可能实施亲环境行为。四是农村居民生活亲环境行为的研究。一些研究发现，个体特征、心理因素、政府政策和社会环境会影响农村居民生活亲环境行为（滕玉华等，2017；李世财等，2020）。

已有居民亲环境行为研究为本书奠定了良好的理论基础，但仍有拓展的空间：一是现有研究农村居民亲环境行为影响因素的文献居多，而探究农村居民生活自愿亲环境行为发生机制的文献较少。农村居民是农村环境整治的主体，引导农村居民在生活中自愿实施亲环境行为是生态宜居美丽乡村建设的关键，因此，有必要对农村居民生活自愿亲环境行为进行研究。二是现有居民内源亲环境行为影响因素的研究主要集中在心理因素，而从多学科整合视角综合考察心理变量与外部环境对农村居民生活自愿亲环境行为影响的文献很少，探讨农村居民生活自愿亲环境行为影响因素之间层次结构的文献更是少见。识别农村居民生活自愿亲环境行为的影响因素，揭示这些因素的作用机理是有效引导农村居民在生活中自愿实施亲环境行为的基础和前提。为此，本书采用国家生态文明试验区（江西）593个农村居民的问卷调查数据，运用回归分析与解释结构模型（ISM），探究农村居民生活自愿亲环境行为的影响因素及其层级结构，以期为优化引导农村居民在生活中自愿实施亲环境行为的环境政策提供决策参考。

第二节　理论分析、材料、研究方法

一　理论分析

本书借鉴芦慧等（2020）的研究，将农村居民生活自愿亲环境行为界定为农村居民出于对环保制度规范的认可，主动遵循环保规范，在生活中自觉地实施亲环境行为。农村居民生活自愿亲环境行为是亲环境行为的一种，是农村居民在生活中主动、自觉实施的亲环境行为。根据对国家生态文明试验区（江西）农村居民的调研，发现外部情境是引导农村居民生活自愿亲环境行为的重要因素，外部情境通过影响农村居民的心理来促进农村居民自觉实施亲环境行为。本书基于"刺激—反应—行为"理论，将农村居民的调研情况与已有居民自愿亲环境行为影响因素的研究成果相结合，把影响农村居民生活自愿亲环境行为的因素归纳为"刺激因素"（社会因素和政府政策等）和"心理反应"（心理因素和个体特征），并提出如下研究假说：

H1：刺激因素会影响农村居民生活自愿亲环境行为。刺激因素主要包括社会资本、家庭亲密度、非正式社会支持和政府政策。社会资本通过信任互惠、信息传播和规范约束等调动农村居民实施亲环境行为的积极性，促进农村居民主动实施亲环境行为（贾亚娟，2021）。家庭亲密度越高的农村居民，家庭成员之间的交流联系越多，越有利于环保知识和环保信息的传播（钱龙和钱文荣，2017），有助于培育农村居民的生态价值观，从而促进农村居民在生活中自觉实施亲环境行为。非正式社会支持通过提供准确消息、意见或指导等有用信息，帮助农村居民解决实施亲环境行为中遇到的各种问题（Hajli，2014），使农村居民感觉到被重视、理解与关爱，从而增强农村居民的环境责任感（Ballantine、Stephenson，2011），促使农村居民在生活中主动实施亲环境行为。政府政策不仅可以通过宣传环保信息，增强农村居民的环保意识，还能通过提供环保相关的方便农村居民实施亲环境行为的服务，降低农村居民实施亲环境行为的难度（李献士，2016），从而引导农村居民在生活中主动实施亲环境行为。

H2：心理因素会影响农村居民生活自愿亲环境行为。心理因素主要包括生态价值观、主观规范和面子意识。具有生态价值观的农村居民在生活中会更加关注自身行为对环境的影响，为了保护环境会更加主动地实施亲环境行为。主观规范越强的农村居民感知到的社会环保压力越大，就越可能在生活中自觉实施亲环境行为。农村居民的面子与村庄规范有关（唐林等，2019），当农村居民所在村庄的规范里含有环保相关内容时，面子意识越强的农村居民，为了获得他人的认可和赞赏，在生活中越会主动实施亲环境行为。

H3：农村居民个体特征变量会影响农村居民生活自愿亲环境行为。

农村居民个体特征主要包括性别、受教育水平、婚姻状况、政治面貌、收入。已有研究发现，性别、受教育水平、婚姻状况、政治面貌、收入会影响居民亲环境行为（李世财等，2020），但这些因素对居民亲环境行为影响的研究结论存在分歧。不同个体特征的农村居民对生态环境的认知不同（张淑娴等，2019），从而影响其生活自愿亲环境行为的实施。

二　数据来源和样本特征

本书研究所使用的数据来自 2020 年 12 月—2021 年 3 月课题组在江西省 11 个设区市进行的农村居民调查。首先，采用随机抽样方法选择样本县。然后，根据该县的人口统计特征，采用分层随机抽样的方法选择样本农村居民。本次问卷调查共发放问卷 635 份，剔除前后矛盾和数据缺失的问卷，所获有效问卷为 593 份，问卷回收有效率达 93.39%。有效样本的基本特征为：在性别方面，男性占 55.48%，女性占 44.52%；在收入方面，个人年收入在 3 万元以下的样本占 58.52%，3 万—8 万元的样本占 33.22%，8 万元以上的样本占 8.26%。样本特征与《江西统计年鉴（2020）》数据大致相符，说明研究样本具有一定代表性，符合研究需要。

三　研究方法

（一）农村居民生活自愿亲环境行为的影响因素模型构建

因变量为农村居民生活自愿亲环境行为，借鉴芦慧等（2020）的研究，共设计 3 个测量题项，如"受到我个人环保信念的驱动，即使没有垃圾分类政策的影响，我也会积极进行垃圾分类"等。采用李克特 5 级量表测量。由于农村居民生活自愿亲环境行为最终取值为 3 个题项得分的均值，属于连续型数值，因此，本书采用普通多元线性回归模型来分析农村居民生活自愿亲环境行为的影响因素，模型设定如下：

$$Y_i = \alpha_0 + \alpha_1 x_1 + \alpha_2 x_2 + \cdots + \alpha_i x_i + e_i \tag{11.1}$$

其中，Y 为农村居民生活自愿亲环境行为，采用均值得到；i 表示第 i 个农村居民；α_0 为常数项；α_i 为第 i 个影响因素的回归系数；x_i 表示各影响因素；e_i 为随机误差。

（二）解释结构模型

解释结构模型（ISM）通过分析农村居民生活自愿亲环境行为各影响因素间的逻辑层级结构，解析各影响因素间的相互作用关系，识别农村居民生活自愿亲环境行为的内在发生机制。ISM 模型的分析步骤具体有：首先，根据专家建议，确定农村居民生活自愿亲环境行为各影响因素间的逻辑关系；其次，根据逻辑关系建立邻接矩阵；再次，确定可达矩阵，根据可达矩阵得出各影响因素间的层次结构；最后，根据层次结构关系，构建解释性结构模型。

四 变量选取

本书采用的变量包含两种类型：潜变量和显变量。潜变量的具体测量如下：社会资本可分为社会规范、社会网络和社会信任（邹秀清等，2020）。社会规范借鉴邹秀清等（2020）所提出的量表，设计了3个条目，题项为"村委会、村干部经常劝说我垃圾分类"等。社会网络参考了 Yin 和 Shi（2021）的研究，由3个题项构成，题项为"平时与您保持联系的亲人数量"等。参考赵艺华和周宏（2021）的研究，将社会信任分为人际信任和制度信任，人际信任设计了2个条目，题项为"您对亲戚朋友的信任程度"等；制度信任包含2个题项，题项为"您对村干部的信任程度"。非正式社会支持改编自秦敏和李若男（2020）的研究，包含4个题项，题项为"我在村里求助，村里人会帮我找问题原因"等。借鉴李献士（2016）的研究，将政府政策划分为经济型政策、沟通扩散型政策和服务型政策，分别设置2个测量题项。经济型政策测量题项如"回收生活废旧物品的经济收益促使我回收家电产品"等；沟通扩散型政策测量题项如"我通过多途径获得有关环保的信息"等；服务型政策测量题项如"废品回收网点有很多"等。主观规范借鉴李世财等（2020）的研究，设计了3个条目，题项为"我的家人认为应该实施亲环境行为（如垃圾分类、节电等）"等。生态价值观参考了滕玉华等（2017）的研究，由3个题项构成，题项为"我希望在日常行为中能做到'保护环境'"等。面子意识参考了 Zhang 等（2011）的研究，包含3个测量题项，如"别人对我的夸奖和称赞是重要的"。潜变量均采用李克特5级量表测量，1—5表示由"完全不同意"到"完全同意"。变量说明与描述性分析见表11-1。

表 11 - 1　　　　　　　　　　　　**变量说明及描述性统计分析**

变量名称	变量说明	均值	标准差
生活自愿亲环境行为	生活自愿亲环境行为 3 个测量题项得分的均值	4.126	0.715
社会规范	社会规范 3 个测量题项得分的均值	3.020	0.997
社会网络	社会网络 3 个测量题项得分的均值	3.450	0.782
人际信任	人际信任 2 个测量题项得分的均值	3.715	0.606
制度信任	制度信任 2 个测量题项得分的均值	3.843	0.738
非正式社会支持	非正式社会支持 4 个测量题项得分的均值	3.854	0.718
经济型政策	经济型政策 2 个测量题项得分的均值	3.594	0.972
沟通扩散型政策	沟通扩散型政策 2 个测量题项得分的均值	4.049	0.806
服务型政策	服务型政策 2 个测量题项得分的均值	3.607	0.878
主观规范	主观规范 3 个测量题项得分的均值	3.720	0.837
生态价值观	生态价值观 3 个测量题项得分的均值	4.350	0.645
面子意识	面子意识 3 个测量题项得分的均值	2.752	0.939
家庭亲密度	在有难处的时候，家庭成员都会尽最大努力相互支持：完全不同意 = 1；比较不同意 = 2；不确定 = 3；比较同意 = 4；完全同意 = 5	4.360	0.695
性别	男性 = 1，女性 = 0	0.551	0.498
受教育水平	小学及以下 = 1；初中 = 2；高中及以上且本科以下 = 3；本科及以上 = 4	2.428	1.081
婚姻状况	未婚 = 1；已婚 = 2；离异 = 3	1.654	0.476
政治面貌	中共党员 = 1；民主党派 = 2；群众 = 3	2.867	0.497
年收入水平	1 万元以下 = 1；1 万—3 万元 = 2；3 万—5 万元 = 3；5 万—8 万元 = 4；8 万元以上 = 5	2.325	1.317

第三节 结果与分析

一 信效度检验

利用 stata 15.0 软件对各潜变量进行信效度检验，结果如表 11 - 2 所示。各潜变量的 Cronbach's α 值在 0.659—0.917 之间，均比 0.6 大，组合信度（CR）均大于 0.827，说明各潜变量的信度良好。在潜变量的效度检验中，各潜变量的因子载荷值均在 0.706 以上，平均抽取方差（AVE）的平方根都大于 0.785，说明各潜变量的收敛效度良好。此外，所有潜变量的 KMO 值在 0.500—0.829 之间，均大于临界值，表明本书所使用的样本数据适合进行因子分析。由以上分析结果可知，本书的量表信效度较好。

表 11 - 2 信效度检验结果

变量名	KMO 值	α 值	CR	AVE 平方根
生活自愿亲环境行为	0.645	0.683	0.827	0.785
社会规范	0.622	0.788	0.882	0.846
社会网络	0.681	0.831	0.899	0.865
人际信任	0.500	0.659	0.854	0.864
制度信任	0.500	0.744	0.887	0.893
非正式社会支持	0.829	0.914	0.940	0.892
面子意识	0.642	0.764	0.865	0.826
经济型政策	0.500	0.738	0.884	0.890
沟通扩散型政策	0.500	0.696	0.868	0.876
服务型政策	0.500	0.672	0.859	0.868
主观规范	0.640	0.761	0.869	0.831
生态价值观	0.760	0.917	0.948	0.926

二　农村居民生活自愿亲环境行为的影响因素分析

利用 stata 15.0 软件，对农村居民生活自愿亲环境行为的影响因素进行回归分析。首先，将 17 个影响因素全部纳入模型，回归结果如表 11 - 3 的模型（1）所示。然后将模型（1）中的受教育水平、婚姻状况、政治面貌、年收入水平、社会规范、人际信任和经济型政策剔除，这 7 个影响因素对农村居民生活自愿亲环境行为没有显著影响，故删除以上变量得到模型（2）。从模型（2）可知，社会网络、制度信任、家庭亲密度、非正式社会支持、沟通扩散型政策、服务型政策、性别、主观规范、生态价值观和面子意识对农村居民生活自愿亲环境行为均有显著影响。

1. 刺激因素

社会网络对农村居民生活自愿亲环境行为具有显著正向作用，表明社会网络的拓展能够对农村居民生活自愿亲环境行为产生促进作用。原因在于，社会网络关系丰富的农村居民社交需求更强烈，他们可以从频繁社交中快速获取环保相关的政策信息与知识，还可能受到他人亲环境行为潜移默化的影响，从而在生活中也实施类似行为。

制度信任对农村居民生活自愿亲环境行为有显著的正向作用，这可能是由于农村居民对基层政府和村干部越信任，他们就越能理解并从心理上认同各项环境政策，更愿意积极响应政府的号召，主动在日常生活中实施各种亲环境行为。

家庭亲密度对农村居民生活自愿亲环境行为有显著的正向作用，说明农村居民与家人关系越亲密，越可能在生活中自愿实施亲环境行为。可能的解释是，亲密的家庭氛围中，农村居民会观察并学习家庭成员的亲环境行为，会不自觉与家人保持行为一致，即在生活中主动实施亲环境行为。

非正式社会支持对农村居民生活自愿亲环境行为有显著的负向作用，这说明，信息与情感上的非正式社会支持会对农村居民生活自愿亲环境行为起阻碍作用。因此政府在引导农村居民实施生活自愿亲环境行为时要避免非正式社会支持的不利影响。

沟通扩散型政策对农村居民生活自愿亲环境行为有显著的正向作用，说明沟通扩散型政策的实施能够促进农村居民在生活中自愿实施亲环境行为。其原因可能是村委会在农村地区通过各种渠道广泛开展在生活中实施亲环境行为的宣传教育活动，这让农村居民了解到在日常生活中主动节约用水用电、不乱扔垃圾等不仅能改善农村居住环境，还对健康有益，他们便会更愿意在生活中实施亲环境行为。

服务型政策对农村居民生活自愿亲环境行为有显著的正向作用，说明政府提供的服务型设施越多，农村居民越可能在生活中实施亲环境行为。可能是因为政府为农村居民提供的服务设施越多，如回收网点的设置合理、配备了大量垃圾分类设施等，大大降低了他们实施亲环境行为的难度，他们会觉得对垃圾进行分类等亲环境行为不需要耗费过多时间和精力，因此农村居民更愿意在生活中自觉实施亲环境行为。

2. 心理因素

主观规范对农村居民生活自愿亲环境行为具有显著正向作用，表明农村居民的主观规范越强，在生活中就越可能会主动实施亲环境行为。可能是因为农村居民具有较强的主观规范时，会有强烈的动机去迎合家人或邻居对亲环境行为的期待，一旦身边的人都认为保护环境是正确的并且在生活中积极实施亲环境行为，他们便会主动跟随，也实施亲环境行为，使自己行为符合他人的环保期望。

生态价值观对农村居民生活自愿亲环境行为具有显著正向影响，表明越认同生态价值观的农村居民更倾向于在生活中自觉主动地实施亲环境行为。原因可能是持有生态价值观的农村居民主要从环保角度出发来行事，在生活中处处考虑自身行为对环境造成的影响，因此他们会主动在日常生活中实施垃圾分类、废品回收、节水节电等亲环境行为来保护环境。

面子意识对农村居民生活自愿亲环境行为有显著的负向作用，表明农村居民在村里越在意面子，越可能不会在生活中自愿实施亲环境行为。可以解释为面子意识强的农村居民，他们的行为会表现出"随大流，不出众"的特征，一方面，由于农村中不主动实施亲环境行为是"主流"，实施亲环境行为的人不仅得不到褒扬，反而会因行为与大家表现不一致招致冷嘲热讽而丢面子；另一方面，他们大多喜欢通过攀比炫耀、讲究排场等铺张浪费行为来给自己挣面子。因此，他们越不可能主动在生活中实施亲环境行为。

3. 个体特征

性别对农村居民生活自愿亲环境行为有显著负向作用，表明相比男性农村居民，女性农村居民在生活中更可能会实施亲环境行为。

表 11 -3　　农村居民生活自愿亲环境行为影响因素的估计结果

影响因素	自变量	模型（1）		模型（2）	
		系数	t 值	系数	t 值
刺激因素	社会规范	0.005	0.17	—	—
	社会网络	0.080 **	2.26	0.063 **	1.97
	人际信任	− 0.012	− 0.25	—	—
	制度信任	0.069 *	1.87	0.071 **	2.12
	家庭亲密度	0.101 ***	2.91	0.098 ***	2.84
	非正式社会支持	− 0.068 *	− 1.78	− 0.075 **	− 2.00
	经济型政策	0.008	0.29	—	—
	沟通扩散型政策	0.154 ***	4.34	0.169 ***	5.01
	服务型政策	0.055 *	1.76	0.063 **	2.07
心理因素	主观规范	0.158 ***	4.74	0.159 ***	4.96
	生态价值观	0.350 ***	8.62	0.359 ***	8.94
	面子意识	− 0.108 ***	− 4.22	− 0.105 ***	− 4.23
个体特征	性别	− 0.081 *	− 1.69	− 0.070	− 1.50
	受教育水平	0.035	1.15	—	—
	婚姻状况	− 0.040	− 0.57	—	—
	政治面貌	− 0.030	− 0.64	—	—
	年收入水平	0.017	0.90	—	—

注：** 、** 、* 分别表示 1%、5% 和 10% 的显著性水平。

三　农村居民生活自愿亲环境行为发生机制的 ISM 分析

根据回归模型的估计结果，提取出显著影响农村居民生活自愿亲环境行为的因素，用 S_0 表示农村居民生活自愿亲环境行为，S_1 表示性别，S_2 表示主观规范，S_3 表示生态价值观，S_4 表示社会网络，S_5 表示制度信任，S_6 表示家庭亲密度，S_7 表示非正式社会支持，S_8 表示沟通扩散型政策，S_9 表示服务型政策，S_{10} 表示面子意识。本书邀请亲环境行为和社会学的专家学者共同讨论，最终确定如图 11 -1 所示的 11 个影响因素之间的逻辑关系。其中，"V"表示行因素会影响列因素，"A"表示列因素会影响行因素，“0”表示行因素和列因素之间不会相互影响。

A	A	A	A	A	A	A	A	A	A	S_0
0	0	0	0	0	0	0	V	V	S_1	
A	A	A	A	A	A	A	A	S_2		
A	A	A	A	A	A	A	S_3			
V	V	V	V	V	V	S_4				
0	V	V	0	0	S_5					
V	0	0	V	S_6						
0	0	0	S_7							
0	0	S_8								
0	S_9									
S_{10}										

图 11－1 农村居民生活自愿亲环境行为影响因素间的逻辑关系

根据图 11－1 中的逻辑关系图，首先得到邻接矩阵 R，然后应用 Matlab. 2018b 软件计算得到可达矩阵 A，根据可达矩阵 A 对区域和级间的分解方法，确定各影响因素的层级结构，即 $L_1=\{S_0\}$，$L_2=\{S_2\}$，$L_3=\{S_3\}$，$L_4=\{S_1、S_5、S_7、S_{10}\}$，$L_5=\{S_6、S_8、S_9\}$，$L_6=\{S_4\}$，最后根据 L_1、L_2、L_3、L_4、L_5、L_6对可达矩阵 A 重新排序后得到骨干矩阵 B，如式（11.2）所示。

$$
N=\begin{array}{c} \\ S_0\\ S_2\\ S_3\\ S_1\\ S_5\\ S_7\\ S_{10}\\ S_6\\ S_8\\ S_9\\ S_4 \end{array}
\begin{array}{c}
\begin{array}{ccccccccccc} S_0 & S_2 & S_3 & S_1 & S_5 & S_7 & S_{10} & S_6 & S_8 & S_9 & S_4 \end{array}\\
\left[\begin{array}{ccccccccccc}
1&0&0&0&0&0&0&0&0&0&0\\
1&1&0&0&0&0&0&0&0&0&0\\
1&1&1&0&0&0&0&0&0&0&0\\
1&1&1&1&0&0&0&0&0&0&0\\
1&1&1&0&1&0&0&0&0&0&0\\
1&1&1&0&0&1&0&0&0&0&0\\
1&1&1&0&0&0&1&0&0&0&0\\
1&1&1&0&0&1&1&1&0&0&0\\
1&1&1&0&1&0&0&0&1&0&0\\
1&1&1&0&1&0&0&0&0&1&0\\
1&1&1&0&1&1&1&1&1&1&1
\end{array}\right]
\end{array}
\qquad (11.2)
$$

由式（11.2）可知，S_0 为第一层，S_2 为第二层，S_3 为第三层，S_1、S_5、S_7、S_{10} 为第四层，S_6、S_8、S_9 为第五层，S_4 为第六层，得到如图 11 - 2 所示的影响农村居民生活自愿亲环境行为各因素间的递阶结构。

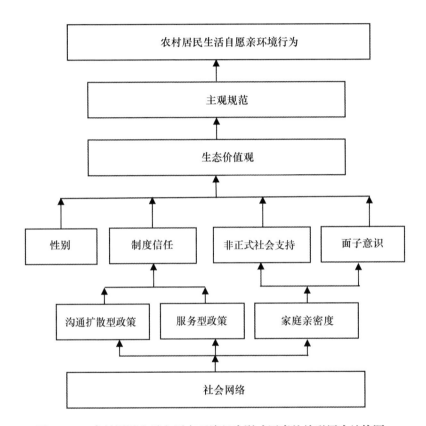

图 11 - 2　农村居民生活自愿亲环境行为影响因素的关联层次结构图

由图 11 - 2 可知，农村居民生活自愿亲环境行为的发生机制为：社会网络是影响农村居民生活自愿亲环境行为的最深层根源因素；生态价值观、性别、制度信任、非正式社会支持、面子意识、家庭亲密度、沟通扩散型政策和服务型政策是影响农村居民生活自愿亲环境行为的中间层间接影响因素；主观规范是影响农村居民生活自愿亲环境行为的表层直接影响因素。总体而言，农村居民生活自愿亲环境行为的发生过程如下：

路径一：性别→生态价值观→主观规范→农村居民生活自愿亲环境

行为。在该路径中，首先，性别作为间接因素影响了农村居民的生态价值观，性别不同的农村居民，其环境保护认知和态度不同，从而持有不同的环境价值观。其次，具有生态价值观的农村居民在日常生活中更关注环境本身，也就越容易感知到环保规范的压力，认为自身行为应对环境负责，从而形成环境保护的主观规范。最后，农村居民的主观规范是影响其生活自愿亲环境行为的直接因素，农村居民感知到周围人对自己的环保期望越大，就越会在生活中主动实施亲环境行为。

路径二：社会网络→沟通扩散型政策、服务型政策→制度信任→生态价值观→主观规范→农村居民生活自愿亲环境行为。首先，社会网络从根源上影响沟通扩散型政策和服务型政策。具有广泛社会网络的农村居民，获得环保信息的来源渠道较多，就容易了解到最新环保宣传政策以及政府提供的环保相关服务。其次，政府既可以通过沟通和交流向农村居民传播和扩散环保信息，又可以通过提供农村居民实施亲环境行为所需要的相关服务和基础设施，为农村居民实施亲环境行为提供方便。农村居民了解的环保信息越多，对政府提供的环保服务越满意，就会越信任政府的环保政策。再次，信任政府环保政策的农村居民会认同政府倡导生态环境保护的合法性和合理性，从而形成生态价值观。最后，持有生态价值观的农村居民通过主观规范对其生活自愿亲环境行为产生促进作用。

路径三：社会网络→家庭亲密度→非正式社会支持、面子意识→生态价值观→主观规范→农村居民生活自愿亲环境行为。在该路径中，首先，社会网络作为深层根源因素间接影响了农村居民的家庭亲密度。社会网络水平越高的农村居民，获得环保知识和环保信息的来源渠道越广，所了解到的环境有益信息越多，就越认为在生活中实施亲环境行为不仅可以改善农村居住环境，而且有益自身身体健康，因此农村居民会与家人分享更多环保信息，其与家人之间的关系也就越密切。其次，家庭亲密度作为间接因素会影响农村居民的非正式社会支持与面子意识。农村居民的家庭亲密度越高，遇到困难时家人给予的帮助就越多，会得到更多的非正式社会支持；农村居民在与家人的沟通交流中了解到他人关于环保的看法，这在一定程度上会改变农村居民的环境认知，从而对其面子意识产生影响。再次，非正式社会支持和面子意识能够影响农村居民的生态价值观。农村居民从家人、亲戚朋友那里得到的环保信息帮助及情感鼓励越多，越认为自己对环境保护负有责任，从而有助于其树立生态价值观；村庄规范不同的地区，农村居民的面子意识不同，从而形成不同的环境价值观。最后，持有生态价值观的农村居民通过主观规范对其生活自愿亲环境行为产生促进作用。

第四节　讨论

改善农村人居环境是实施乡村振兴战略的重点任务。农村人居环境整治的主体是农村居民，引导农村居民在生活中积极主动地实施亲环境行为是全面实施乡村振兴战略的关键。然而，现有农村居民生活亲环境行为的研究主要集中在考察亲环境行为的影响因素，鲜有文献关注农村居民亲环境行为的主动性问题。为实现乡村振兴战略，探寻有效引导农村居民在生活中自觉实施亲环境行为的政策是目前需要解决的核心问题。本书聚焦农村居民的生活自愿亲环境行为，基于"刺激—反应—行为"理论探究农村居民生活自愿亲环境行为的影响因素及层次结构，可为促进农村居民在生活中自觉实施亲环境行为提供理论支撑与实践指导。

现有居民内源亲环境行为的研究发现心理因素（如自利性环保动机、工具性环保动机等）会影响居民内源亲环境行为（芦慧等，2020）。本书研究发现社会网络、社会信任、非正式社会支持等社会环境因素对农村居民生活自愿亲环境行为有显著影响。这不仅拓展了居民自愿亲环境行为的理论研究，同时也为有效引导农村居民在生活中自觉实施亲环境行为提供新的思路。在引导农村居民于日常生活中主动实施亲环境行为的过程中，不仅要关注心理因素还需要重视社会环境因素。

已有农村居民亲环境行为的研究表明经济激励政策会影响农村居民亲环境行为（滕玉华等，2017）。而本书研究表明，沟通扩散型政策、服务型政策会促进农村居民生活自愿亲环境行为，但经济型政策对农村居民生活自愿亲环境行为的影响不显著。该研究结论可为优化农村居民生活自愿亲环境政策提供理论基础。同时也启示我们，为引导农村居民在生活中自觉实施亲环境行为，需要强化沟通扩散型政策和服务型政策，弱化经济型政策。

第五节　研究结论与政策启示

一　研究结论

本书基于"刺激—反应—行为"理论，采用国家生态文明试验区（江西）农村居民的调查数据，研究农村居民生活自愿亲环境行为的影响因素及其层次结构。研究发现：（1）社会网络、制度信任、家庭亲密度、沟通扩散型政策、服务型政策、主观规范、生态价值观对农村居民生活自愿亲环境行为有显著正向影响；非正式社会支持和面子意识对农村居民生活自愿亲环境行为有显著负向影响；农村居民生活自愿亲环境行为存在性别上的差异。（2）社会网络属于深层次因素，从根源上对农村居民生活自愿亲环境行为产生正向影响；制度信任、非正式社会支持、面子意识、家庭亲密度、沟通扩散型政策、服务型政策、生态价值观、性别属于中层次因素；主观规范属于浅层次因素，直接正向影响农村居民生活自愿亲环境行为。（3）农村居民生活自愿亲环境行为发生过程如下：路径一为性别→生态价值观→主观规范→农村居民生活自愿亲环境行为。路径二为社会网络→沟通扩散型政策、服务型政策→制度信任→生态价值观→主观规范→农村居民生活自愿亲环境行为。路径三为社会网络→家庭亲密度→非正式社会支持、面子意识→生态价值观→主观规范→农村居民生活自愿亲环境行为。

二　政策启示

基于上述研究结论，书中提出以下政策建议：第一，通过新媒体（如手机、电脑等）等途径拓展农村居民的社会网络，拓宽农村居民获取环保信息、环保政策的渠道，引导农村居民树立生态价值观，促进农村居民自觉实施亲环境行为。第二，鼓励和引导村庄将亲环境行为纳入村规民约，利用农村居民要面子的心理，通过村庄社会舆论促使农村居民自觉遵守村庄规范，主动实施亲环境行为。第三，通过多种形式（公益广告、会议等）、多个渠道（微信视频号、微信公众号、微博和抖音等）进行环保宣传活动，促使农村居民尤其是男性农村居民，了解环境污染问题，从而使其真正认识到大气污染、水体污染和土壤污染不仅会导致自然灾害频发，造成农业减产，还会威胁到农村居民的健康，以此激发农村居民保护环境的内生动力，引导农村居民在生活中积极主动地实施亲环境行为。

第十二章

农村居民生活自愿亲环境行为
发生组态路径研究

第一节 引言

    引导农村居民在生活中主动实施亲环境行为对推动美丽中国建设十分重要。《"美丽中国，我是行动者"提升公民生态文明意识行动计划（2021—2025 年）》指出要"把对美好生态环境的向往进一步转化为行动自觉"。农村居民既是农村生活的决策者，同时也是农业生产的主体，引导农村居民自愿实施亲环境行为是促进农村绿色发展的关键。为了推进农村绿色发展，在农业生产方面，政府出台了一系列秸秆还田、化肥农药减量和农膜回收等方面的政策措施，如 2022 中央一号文件提出要"加强畜禽粪污资源化利用，推进农膜科学使用回收，支持秸秆综合利用"。在农村生活方面，政府也出台了使用"阶梯电价"等引导农村居民在生活中实施亲环境行为的政策。理论上，在环保领域的目标政策作用于目标行为的同时，还会对个体其他行为产生溢出效应（Carrico et al. ，2018；徐林、凌卯亮，2019）。现实中，农业生产方面的环境政策在促进农村居民生产绿色发展的同时也有可能会影响农村居民生活亲环境行为。为了更好地引导农村居民在生活中实施亲环境行为，有必要探讨什么样的生态环境政策（生产和生活领域的环境政策）能够驱动农村居民生活自愿亲环境行为的发生，这是完善和优化我国农村生态环境政策、推动美丽乡村建设的基础和前提。

    关于居民生活亲环境行为的研究主要集中在以下四个方面：一是居民

亲环境行为的内涵及结构的研究。关于亲环境行为的内涵，现有研究尚未形成一致的观点。芦慧和陈振（2020）将其定义为个体能够改善生态环境、对环境负面影响较少的行为。王建明和吴龙昌（2015）认为亲环境行为是个体使自身尽量降低对生态环境的负面影响的行为。关于亲环境行为结构的研究，现有文献依据行为发生领域不同，将亲环境行为划分为生产亲环境行为（郭利京、赵瑾，2014；郭清卉，2020）和生活亲环境行为（汪秀芬，2019），也有学者根据行为发生动机的不同，将居民亲环境行为分为内源（自愿）亲环境行为和外源（被迫）亲环境行为（芦慧等，2020）。二是生态环境政策分类的研究。关于生态环境政策的分类，学者根据领域的不同分别对生活环境政策和生产环境政策进行研究（王建华等，2022；黄炎忠等，2021），也有学者根据政策作用途径的不同进行分类，如李献士（2016）将环境政策分为命令控制型政策、经济激励型政策、沟通扩散型政策和服务型政策。三是生态环境政策对农村居民亲环境行为影响的研究。已有研究发现农业生产环境政策对农村居民生产亲环境行为的实施有促进作用（颜廷武等，2017；沈昱雯等，2020；盖豪等，2021），也有研究证实生活亲环境行为引导政策有助于农村居民在生活中实施亲环境行为（刘余等，2021；黄炎忠等，2021）。四是生态环境政策溢出效应的研究。既有研究发现针对目标环保行为的政策同时会促使居民其他环境行为的发生（徐林、凌卯亮，2019；Evans et al.，2013），也有研究指出生态环境政策作用于目标行为时会阻碍个体其他环保行为的实施（徐林、凌卯亮，2017；Tiefenbeck et al.，2013）。

通过文献梳理，现有研究主要存在以下几点不足：一是现有关于生态环境政策对农村居民亲环境行为影响的研究主要关注农业生产环境政策对农村居民生产亲环境行为的影响以及生活亲环境行为引导政策对农村居民生活亲环境行为的作用，较少文献研究生产环境政策对农村居民生活亲环境行为的影响，探讨农业生产环境政策对农村居民生活自愿亲环境行为影响的文献更是少见。二是现有生活环境政策对农村居民生活亲环境行为影响的研究，主要聚焦于单项政策的实施效果或不同政策的实施效果分析，鲜有文献从组态视角研究生态环境政策（生产和生活方面的环境政策）对农村居民生活亲环境行为的影响。为此，本书借鉴芦慧和陈振（2020）的研究，将"农村居民生活自愿亲环境行为"定义为："农村居民在生活中自愿使自身活动对生态环境的负面影响尽量降低的行为"。以国家生态文明试验区（江西）593 个农村居民的问卷调查数据为例，使用模糊集定性比较分析法（fsQCA）来揭示农村居民生活自愿亲环境行为发生的生态环境政策组态路径，为政府促进农村生态文明建设提供指导意义。

第二节　理论分析

负责任的环境行为模型认为外部情境因素是个体实施环境行为的重要因素。生态环境政策是一种外部情境因素，根据干预行为领域的不同，分为生产环境政策和生活环境政策（王建华等，2022；黄炎忠等，2021）。已有研究表明，生活环境政策是影响农村居民生活亲环境行为的重要因素（王学婷等，2020）。此外，也有学者指出生态环境政策作用于目标环境行为的同时，也会对个体其他环境行为产生影响（徐林、凌卯亮，2019）。据此，生产环境政策和生活环境政策可能激发农村居民生活自愿亲环境行为，本书基于负责任的环境行为模型，从这两方面分析并提出研究假说。

"目标激活"理论认为，个体会为了达到既设的目标而实施与目标一致的行为。在环境行为领域，个体在完成目标环保行为的同时，可能激发其环保目标，进而促使其非目标环保行为的发生（Truelove et al.，2014）。已有研究表明环境政策的落实可能会促进或抑制个体其他环境行为的实施，如徐林、凌卯亮（2017）的研究显示，垃圾分类激励政策的实施使居民增加了电能消耗，而宣传教育政策能够促进其节约电能。Poortinga 等（2013）研究表明塑料袋收费制度的实施，使居民从事多种环保行为的程度得以提高。为了引导农村居民在农业生产中自愿实施亲环境行为，国家出台了秸秆禁烧处罚措施、推广秸秆机械化还田技术等农业环境政策，这些政策可分为沟通扩散型政策、命令型政策和技术指导（盖豪等，2020；朱润等，2021）。根据"目标激活"理论，生产环境政策作用于农村居民生产亲环境行为的同时，可能会对非目标行为产生影响，而农村居民生活自愿亲环境行为即为非目标行为的一种，因此提出假说：

假说 1：生产沟通扩散型政策、生产命令型政策和生产技术指导可能推动农村居民生活自愿亲环境行为的实施。

"前置—进行"行为模型认为个体的行为受到包括政策手段、组织手段、管制手段在内的"进行变量"的影响（Green and Kreuter，1999；王建明，2013）。生活领域环境政策是一种政策手段，它的政策目标是引导居民在生活中实施亲环境行为。众多研究也发现，生活领域环境政策对居民生活亲环境行为有促进作用。比如，Varotto 和 Spagnolli（2017）研究发现，经济激励政策和环保信息宣传政策均有助于居民实施垃圾分类行为。Bernstad（2014）指出，政府直接提供便利设施会促进居民进行垃圾分类。为了引导农村居民在生活中自愿实施亲环境行为，国家出台了一些政策，这些生活领域的环境政策主要包括经济型政策、沟通扩散型政策和服务型政策（刘余等，2022；唐林等，2020）。经济型政策方面，政府通过发放补贴等，有利于降低农村居民采取节能等亲环境行为的成本（李芬妮等，2019），从而能调动其在生活中亲环境的积极性。沟通扩散型政策上，政府适当开展有关亲环境的宣传教育，有利于促使农村居民逐渐意识到不主动亲环境的危害后果，从而引导其在生活中主动实施亲环境行为。服务型政策方面，政府提供垃圾分类网点的服务为农村居民垃圾分类提供便利，增加了农村居民的亲环境体验（廖茂林，2020），从而使农村居民能主动实施垃圾分类等亲环境行为。基于上述分析，提出假说：

假说2：生活经济型政策、生活沟通扩散型政策和生活服务型政策可能驱动农村居民生活自愿亲环境行为的发生。

本书所用的组态效应模型如图 12-1 所示。

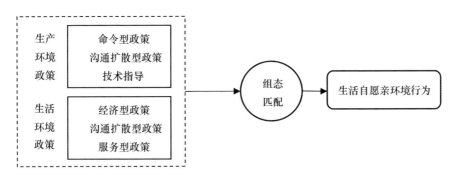

图 12-1　生态环境政策驱动农村居民生活自愿亲环境行为发生的组态效应模型

第三节 材料与方法

一 研究方法

本书运用模糊集定性比较分析法（fsQCA）进行分析，主要有三个原因：一是因为常用的单因素回归模型只能解释一个政策工具对农村居民生活自愿亲环境行为的"净效应"，无法解释多个生态环境政策的相互依赖及其构成的组态如何影响农村居民生活自愿亲环境行为。而定性比较分析（QCA）则从整体出发，能够分析不同生态环境政策的协同联动对农村居民生活自愿亲环境行为的影响（杜运周、贾良定，2017）。二是政策的多样性表明，可能存在多种政策组合驱动农村居民生活自愿亲环境行为的发生，使用 QCA 方法有助于理解不同政策组合形成的组态导致的差异化，使研究建议更有针对性（谭海波等，2019）。三是引导农村居民生活自愿亲环境行为和非生活自愿亲环境行为发生的路径可能存在非对称性，而 QCA 就可以较好地解释这个问题。

二 数据来源

本书数据来源于课题组 2020 年 12 月—2021 年 3 月在国家生态文明试验区江西省农村的实地调查。采用分层抽样和随机抽样结合的方式对农村居民进行问卷调查，共发放问卷 635 份，收回有效问卷 593 份，有效率为 93.39%。问卷包含农村居民的个体特征、家庭特征、生产环境政策以及生活环境政策方面的问题。其中，从年龄来看，40 岁以上的受访者占比约为 54.97%；从受教育程度上看，约 55.31% 的农村居民未接受过高中及以上的教育。《江西统计年鉴（2020）》表明，2019 年 40 岁及以上的农村居民超过半数，大多只接受过初中及以下的教育，而本书总体样本特征与江西省农村的现实状况较为一致，因此有一定的代表性。且据杜运周、贾良定（2017）对于样本的设定，QCA 方法所使用的样本量需包含可能形成的组态的所有案例，至少需要 2^{n+1} 个样本（n 为前因条件个数，本书中为 6），本书所用的 593 个样本足以满足对样本数量的要求。

三　变量测量

（一）结果变量

农村居民生活自愿亲环境行为。参考芦慧和陈振（2020）的研究，设计了 3 个条目，题项如"受到我个人环保信念的驱动，即使没有垃圾分类政策的影响，我也会积极进行垃圾分类"等，并采用李克特 5 级量表对其进行测量，其中"1"表示不同意，"5"表示完全同意。

（二）前因条件

1. 生产环境政策

有关生产环境政策的具体说明如下：生产沟通扩散型政策，采用"政府是否向您大力宣传过农产品（如水稻等）要减量增效"（0 = 否；1 = 是）；生产命令型政策，用"当地政府为禁烧秸秆是否实施了严厉惩罚措施"（0 = 否；1 = 是）；生产技术指导，采用"我接受政府部门开展的化肥减量增效技术指导频率"进行测量（采用李克特 5 级量表，其中"1"表示非常少，"5"表示非常多）。

2. 生活环境政策

考虑到不同区域的生活环境政策的实施存在差异，根据课题组调研结果，本书将生活环境政策分为生活经济型政策、生活沟通扩散型政策和生活服务型政策三种类型。其中，生活经济型政策用"政府在节能产品方面的补贴促使我购买节能产品"测量。生活沟通扩散型政策采用"我通过多途径（广播、电视、报纸、手册等）获得有关环保的信息"进行测度。生活服务型政策则用"废品回收网点有很多"表征。以上题项的测量均采用李克特 5 级量表，1—5 为"完全不同意"至"完全同意"。

结果变量及前因条件的选择与赋值见表 12 - 1。

表 12 - 1 变量选择与赋值

变量		测量题项	赋值
生活自愿亲环境行为		"保护环境对我来说很重要，我非常乐意实施亲环境行为（如购买节能家电、自带购物袋/篮购物等）"	1 = 完全不同意；2 = 比较不同意；3 = 不确定；4 = 比较同意；5 = 完全同意
		"我认为实施破坏环境的行为或者无视环保行为都是不合理的"	1 = 完全不同意；2 = 比较不同意；3 = 不确定；4 = 比较同意；5 = 完全同意
		"受到我个人环保信念的驱动，即使没有垃圾分类政策的影响，我也会积极进行垃圾分类"	1 = 完全不同意；2 = 比较不同意；3 = 不确定；4 = 比较同意；5 = 完全同意
生产环境政策	沟通扩散型政策	政府是否向您大力宣传过农产品（如水稻等）要减量增效	0 = 否；1 = 是
	命令型政策	当地政府为禁烧秸秆是否实施了严厉惩罚措施	0 = 否；1 = 是
	技术指导	我接受政府部门开展的化肥减量增效技术指导频率	1 = 非常少；2 = 比较少；3 = 一般；4 = 比较多；5 = 非常多
生活环境政策	经济型政策	政府在节能产品方面的补贴促使我购买节能产品	1 = 完全不同意；2 = 比较不同意；3 = 不确定；4 = 比较同意；5 = 完全同意
	沟通扩散型政策	我通过多途径（广播、电视、报纸、手册等）获得有关环保的信息	1 = 完全不同意；2 = 比较不同意；3 = 不确定；4 = 比较同意；5 = 完全同意
	服务型政策	废品回收网点有很多	1 = 完全不同意；2 = 比较不同意；3 = 不确定；4 = 比较同意；5 = 完全同意

第四节 结果与分析

一 共同方法偏误检验

在对变量进行处理之前，首先对问卷中所有条目进行 Harman 单因子检验，结果共生成 3 个因子，其中，第一个因子的方差贡献量为 28.97%，不超过标准的 40%，说明本书的问卷数据不存在严重的共同方法偏差。

二 信效度分析

使用 stata15.0 对农村居民生活自愿亲环境行为进行信度和效度检验，表 12 - 2 结果显示，自愿亲环境行为的信度系数 Cronbach's α 值为 0.683，组合信度（CR）为 0.827，高于标准 0.7，表明其有较好的内部一致性，可信度较高。KMO 值为 0.645，说明适合因子分析。标准化因子载荷值最低为 0.716，AVE 值为 0.616，均在标准值以上，说明自愿亲环境行为的聚合效度和区分效度较高。

表 12 - 2   **信效度检验结果**

潜变量	编号	Cronbach's α	组合信度（CR）	AVE	标准化因子载荷	KMO 值
自愿亲环境行为（ZY）	ZY1	0.683	0.827	0.616	0.828	0.645
	ZY2				0.716	
	ZY3				0.805	

三 QCA 分析步骤

（一）数据整合与校准

本书选用模糊集比较分析法（fsQCA）对农村居民生活自愿亲环境行为进行分析，借鉴已有研究以及案例实际取值的有偏分布（杜运周、贾良定，2017），选用直接法对结果变量（生活自愿亲环境行为）和除生产沟通扩散型政策和生产命令型政策以外的前因条件进行校准，其完全隶属点、交叉点和不完全隶属点分别为样本数据的 95%、50% 和 5% 分位数，校准后的集合隶属度区间在 0—1 之间。另外，鉴于模糊集隶属分数为 0.5 的集合难以归类，本书在其基础上加 0.001 以避免此情况的发生。结果变量和前因条件锚点的选择及描述性统计分析详见表 12 - 3。

表 12 −3　　　　　　　　变量的校准锚点和描述性统计分析结果

结果变量及前因条件	校准锚点			描述性统计分析			
	完全隶属	交叉点	完全不隶属	平均值	最小值	最大值	标准差
生活自愿亲环境行为	5	4	3	4.126	1.333	5	0.715
生产沟通扩散型政策	1	1	0	0.504	0	1	0.500
生产命令型政策	1	1	0	0.666	0	1	0.472
生产技术指导	4	2	1	2.31	1	5	1.044
生活经济型政策	5	4	2	3.627	1	5	1.081
生活沟通扩散型政策	5	4	2	4.056	1	5	0.916
生活服务型政策	5	4	2	3.529	1	5	1.029

（二）必要性分析

在进行组态分析前，首先对前因条件进行必要性分析，以验证其是否为结果变量的必要条件。由表 12 −4 可知，影响农村居民生活自愿亲环境行为的单项前因条件的一致性都未超过 0.9，说明单项前因条件对于生活自愿亲环境行为的解释力较弱，无法构成必要条件，需进一步探讨农村居民生活自愿亲环境行为产生的前因条件组态。

表 12 −4　　　　　　　　　　必要性分析结果

条件因素	一致性	覆盖度
生产沟通扩散型政策	0.517	0.579
~生产沟通扩散型政策	0.483	0.551
生产命令型政策	0.721	0.611
~生产命令型政策	0.279	0.473
生产技术指导	0.671	0.709
~生产技术指导	0.543	0.660
生活经济型政策	0.608	0.761
~生活经济型政策	0.624	0.643
生活沟通扩散型政策	0.784	0.763
~生活沟通扩散型政策	0.482	0.650
生活服务型政策	0.586	0.803
~生活服务型政策	0.642	0.617

注：~表示逻辑非。

四　组态分析

（一）生活自愿亲环境行为驱动机制分析

参考已有研究（Ragin，2008；杜运周等，2020），本书将原始一致性和 PRI 一致性的阈值分别设定为 0.8 和 0.7，案例频数阈值参照杜运周、贾良定（2017）对大样本案例频数的建议，将案例阈值设为 11，以保留 75% 的观察案例。表 12-5 显示了 4 条农村居民生活自愿亲环境行为产生的组态路径，解的总一致性为 0.866，高于 0.8 的临界值，且总覆盖度为 0.436，说明该解可以解释 43.6% 的生活自愿亲环境行为发生的案例。表 12-5 还报告了 2 条非生活自愿亲环境行为发生的路径，解的总体一致性为 0.835，总覆盖度为 0.206，表示 20.6% 的非生活自愿亲环境行为的案例可以被解释。下面对 6 条组态路径进行详细分析。

表 12-5　　　　　生活自愿亲环境行为产生的前因条件组态

前因条件	生活自愿亲环境行为				非生活自愿亲环境行为	
	1	2	3	4	5	6
生产沟通扩散型政策	★	×	●	●	★	●
生产命令型政策	●		●	●	×	★
生产技术指导		●	▲	▲	×	×
生活经济型政策	●	●	●		★	×
生活沟通扩散型政策	▲	▲	●	▲	×	★
生活服务型政策	●	●		●	★	×
原始覆盖度	0.109	0.138	0.216	0.222	0.161	0.045
唯一覆盖度	0.032	0.062	0.044	0.050	0.161	0.045
一致性	0.862	0.878	0.857	0.871	0.824	0.878
总覆盖度	0.436				0.206	
总一致性	0.866				0.835	

注：●表示核心条件存在，▲表示边缘条件存在，×表示核心条件缺失，★表示边缘条件缺失，空格表示该前因条件可有可无。

组态 1（~生产沟通扩散型政策×生产命令型政策×生活经济型政策×生活沟通扩散型政策×生活服务型政策）指出生产命令型政策、生活经济型政策和生活服务型政策为核心条件，生产沟通扩散型政策的缺失和生活沟通扩散型政策为边缘条件，能够驱动农村居民生活自愿亲环境行为的发生，这一结果表明，在多种生活环境政策的引导下，政府可以适当地加强禁烧秸秆等农业生产惩罚以加强农村居民对政策的认知，激励其在生活中主动实施垃圾分类等亲环境行为。

组态 2（~生产沟通扩散型政策×生产技术指导×生活经济型政策×生活沟通扩散型政策×生活服务型政策）指出生产沟通扩散型政策的缺失、生产技术指导、生活经济型政策、生活服务型政策为核心条件，生活沟通扩散型政策为边缘条件，能够促使农村居民生活自愿亲环境行为的发生。这一组态结果表明，在多重生活环境引导政策的驱动下，对农村居民给予生产技术上的指导有利于其将生产上的理论技能转化为具体实践，增加农村居民对亲环境行为的认同感，进而激发其在生活中积极主动地实施亲环境行为。

组态 3（生产沟通扩散型政策×生产命令型政策×生产技术指导×生活经济型政策×生活沟通扩散型政策）指出生产命令型政策、生产沟通扩散型政策、生活经济型政策和生活沟通扩散型政策作为核心条件，生产技术指导作为辅助条件，能够驱动农村居民在生活中自愿实施亲环境行为。这一组态表明，在生产环境政策的主导下，政府部门通过对农村居民的日常生活给予补贴和宣传教育等方式同样能够促使农村居民主动在生活中节约能源、保护环境。

组态 4（生产沟通扩散型政策×生产命令型政策×生产技术指导×生活沟通扩散型政策×生活服务型政策）指出生产命令型政策、生产沟通扩散型政策和生活服务型政策作为核心条件，生产技术指导作为辅助条件，能够激发农村居民生活自愿亲环境行为。该组态说明，在多个生产环境政策的助力下，政府为农村居民提供生活上的便利如提供废品回收的网点等能够提高农村居民在生活中主动实施亲环境行为的可能性。

（二）非生活自愿亲环境行为驱动机制分析

如表 12 - 5 所示，本书还检验了非生活自愿亲环境行为产生的生态环境政策组合，共有两条路径，分别为组态 5 和组态 6。

组态 5（~生产沟通扩散型政策×~生产命令型政策×~生产技术指导×~生活经济型政策×~生活沟通扩散型政策×~生活服务型政策）

表示生产命令型政策、生产技术指导和生活沟通扩散型政策的缺失发挥核心作用，生产沟通扩散型政策、生活经济型政策和生活服务型政策的缺失发挥辅助作用时，农村居民不会在生活中自愿实施亲环境行为，表明农村居民生活自愿亲环境行为的实施需要政府制定相关的生态环境政策；

组态 6（生产沟通扩散型政策 × ～生产命令型政策 × ～生产技术指导 × ～生活经济型政策 × ～生活沟通扩散型政策 × ～生活服务型政策）显示，在政府未实施相关生产命令型政策、生产技术指导和生活环境政策的情况下，政府在农业生产上的沟通扩散型政策的实施力度再大，也不能促使农村居民生活自愿亲环境行为的发生。

（三）组态间横向分析

基于上述 4 条组态路径的分析，进一步对组态路径间的异同点进行比较，具体分析如下。

对比组态 1 和组态 2 发现，生活经济型政策和生活服务型政策是两条路径中共同的核心条件，生活沟通扩散型政策是共有的边缘条件，表明生活经济型政策和生活服务型政策的落实，辅之以适当的生活沟通扩散型政策是影响农村居民生活自愿亲环境行为的关键。而不同之处在于生产环境政策上，组态 1 是生活环境政策与生产命令型政策相结合，组态 2 是生活环境政策与生产技术指导相结合，这表明在较多生活环境政策的共同作用下，生产命令型政策与生产技术指导在一定程度上可以相互替代。因此政府可以考虑在落实生活环境政策的同时，在农业生产上实施命令型政策或者给予农村居民一定的农业技术指导。

对比组态 3 和组态 4 发现，生产命令型政策和生产沟通扩散型政策为共同的核心条件，生产技术指导为共有的边缘条件，区别之处在于生活经济型政策和生活服务型政策的有无以及生活沟通扩散型政策的实施效果。这表明在多个生产环境政策主导下，生活沟通扩散型政策发挥核心或辅助作用时，生活经济型政策和生活服务型政策的采纳可以相互替代。

对比 6 个路径发现，农村居民生活自愿亲环境行为和非生活自愿亲环境行为的前因条件构成并不是简单的互补，而是具有非对称性，且促使农村居民生活自愿亲环境行为发生的路径并不单一，只要适当的生产环境政策和生活环境政策联动匹配，均能够驱动农村居民生活自愿亲环境行为的发生。

五 稳健性检验

借鉴 Ordanini 等（2014）的研究，本书选用两种方法检验产生自愿亲环境行为的前因组态的稳健性，一是将原始一致性的阈值提升到 0.85，二是将 PRI 一致性的阈值从 0.70 提高到 0.75，结果如表 12-6 所示。无论是改变原始一致性还是 PRI 一致性的阈值，其解的总体覆盖度和总体一致性并没有发生较大的改变，说明结果是稳健的。

表 12-6 稳健性检验结果

前因条件	原始一致性阈值：0.85				PRI 一致性：0.75		
	1	2	3	4	1	2	3
生产沟通扩散型政策	●		●	●	●	×	●
生产命令型政策	★	×	●	●	★	×	
生产技术指导		●	▲	▲	×	●	▲
生活经济型政策	●		●	●	●	●	●
生活沟通扩散型政策	▲	▲	●	●	▲	▲	▲
生活服务型政策	●	●		●	▲	●	●
原始覆盖度	0.109	0.138	0.216	0.222	0.080	0.062	0.172
唯一覆盖度	0.032	0.062	0.044	0.050	0.080	0.062	0.172
一致性	0.862	0.878	0.857	0.871	0.885	0.903	0.870
总覆盖度	0.436				0.314		
总一致性	0.866				0.880		

注：●表示核心条件存在，▲表示边缘条件存在，×表示核心条件缺失，★表示边缘条件缺失，空格表示该前因条件可有可无。

第五节 研究结论与政策启示

一 研究结论

本书基于国家生态文明试验区（江西）593 个农村居民的问卷调查数据，使用 fsQCA 方法探究了生产环境政策和生活环境政策联动对农村居民生活自愿亲环境行为的影响。研究发现：第一，单一生态环境政策并不足以使农村居民在日常生活中主动实施亲环境行为，生产环境政策和生活环境政策的结合可以促使农村居民生活自愿亲环境行为的发生。第二，驱动农村居民生活自愿亲环境行为发生的路径共有 4 条，在生活环境政策存在的情况下，生产命令型政策和生产技术指导互为替代关系，在生产环境政策和生活沟通扩散型政策存在的情况下，生活经济型政策和生活服务型政策只需其一便可驱动农村居民生活自愿亲环境行为的发生。第三，农村居民非生活自愿亲环境行为的发生路径有 2 条，与生活自愿亲环境行为发生的组态路径间存在非对称性。

二　政策启示

本书的研究结论对激发农村居民在日常生活中自愿实施亲环境行为有一定的参考价值。基于上述分析，本书提出以下政策启示：第一，注重生产环境政策和生活环境政策的协同作用，政府要引导农村居民在生活中主动实施亲环境行为，如给予节能补贴、在提供垃圾分类网点的同时加强生产上的技术指导，激发农村居民生活亲环境行为的主动性；第二，根据不同农村地区的特性采取有针对性的生态环境政策，由于不同农村地区在生活习惯、生产方式上存在差异，政府要有目的性地选择不同生态环境政策，如在整体生态意识较为薄弱的农村地区，通过加大生产命令型政策和生产沟通扩散型政策等农业生产环境政策的实施力度，培养农村居民的环境意识，促使其在生活中主动实施亲环境行为。

第四篇

引导政策设计篇

第十三章

农村居民生活亲环境行为引导政策设计

第一节　农村居民"公"领域亲环境
行为引导政策设计

一　培养农村居民的生态价值观，增强农村居民的环保意识

强化农村居民保护自然的观念，增强农村居民保护环境的意识。农村居民生态价值观的塑造与环保意识的建立需要学校、家庭和政府共同发力。在学校方面，通过将环保教育纳入九年义务教育体系中，在学校开展系统的环境教育，如增设环境保护知识相关公共课程和环境教育相关的专项课程，引导学生意识到保护环境的重要性。除此之外，学校还可以通过定期组织环保活动，如植树造林、光盘行动等，培养学生的生态价值观，增强学生的生态文明意识，促使农村学生主动承担起环保的责任，在公共场所实行节能等亲环境行为。在家庭方面，通过在村里组织评选"环保之家""环保之星"等活动，鼓励家长带头在公开场合亲环境，以身体力行的方式培养孩子的生态价值观，从而让孩子跟着大人一起在"公"领域实施亲环境行为。在政府方面，通过在村庄悬挂醒目的环保标语、树立环保标识牌、发放环保宣传手册等手段提高农村居民对环境问题危害的认识，帮助农村居民建立可持续发展的生态观念，增强农村居民实施环保行为的意识，从而引导农村居民参与"公"领域亲环境行为。

二　深入推进环保实践活动，提升农村居民的亲环境行为意愿

在农闲时，通过开展各类环保实践活动，加强农村内与农村间村民的环保信息与经验交流，提升农村居民实施亲环境行为的意愿，引导农村居民在"公"领域积极实施亲环境行为。具体来说：第一，在自然村内、不同自然村之间定期举办环保信息有奖问答、环保知识竞赛等集体环保知识活动，加强不同村庄农村居民之间的信息交流。第二，联合社会团体（环保志愿者协会等）在农村地区定期开展环保公益活动，如举办捡跑活动等，使农村居民通过切身的环保行为体验来改变环境态度，进而提高他们的亲环境意愿。除了组织开展以上环保实践活动外，还要适当增加这些环保实践活动举办的次数和频率，强化环保实践活动的作用效果，让农村居民更深刻认识在"公"领域实施亲环境行为对家庭、生活及村庄环境的好处，提高农村居民参与村庄环境保护的意愿，从而促使农村居民在"公"领域实践亲环境行为。

三 加强环境破坏的不良后果宣传，培育农村居民亲环境行为的个人规范

加强对环境问题所造成不良后果的宣传，引起更多农村居民对环境污染后果的关注，培育农村居民在"公"领域亲环境的个人规范。首先，通过在村庄公告栏张贴有关农村地区环境问题的图片，如农村垃圾堆积如山、溪水浑浊等，促使较少使用电子设备的老一辈农村居民认识到保护环境的必要性和迫切性，有利于农村居民个人规范的激活。其次，运用微信、抖音等媒体手段对环境问题所造成的严重后果尤其是对农村居民生产与生活的威胁进行传播，以公益片为例，创作农村居民喜闻乐见、通俗易懂的环保公益片，并在微信视频号、公众号以及抖音等平台循环播放，引导农村居民关注环保问题，使其意识到在公共场所环保同样重要，促进激发其个人规范，进而在"公"领域实施亲环境行为。最后，通过在农闲时定期开展环境责任教育专题讲座，使农村居民意识到保护环境不仅是政府和社会的责任，更是每一位农村居民的义务，农村居民的内心深处认为自身行为与环境保护息息相关，其个人规范程度得到提高，从而能主动选择在"公"领域实施亲环境行为。

四 加强环保典型人物表彰，发挥环保模范的榜样示范效应

号召具有较高威望和影响力的村干部、党员和村民主动参与环保行动，发挥其榜样示范效应，通过榜样的社会影响力来引导其他农村居民在

"公"领域实施亲环境行为。采用分层推进的方式，首先，号召村干部、党员和一些德高望重的农村居民主动在"公"领域节约用电、用水等，将其树立为环保典型模范，对其亲环境行为进行公开表彰和奖励。其次，通过村里的大喇叭、微信群、抖音小视频等方式广泛宣传环保典型模范的事迹，形成积极的示范效应，引导其他农村居民向模范学习，从而在"公"领域实施节能、节水等亲环境行为。

五　营造全社会参与环保的良好氛围，培育保护环境的社会规范

首先，充分利用村里大喇叭、电视等传统媒体宣传环保正面案例，如报道积极参与各项"公"领域环保活动的村民，营造全民参与环境保护的氛围，让农村居民感知到较多人在"公"领域实施亲环境行为，促使农村居民自愿遵守环保社会规范，主动在"公"领域实施亲环境行为。其次，创新使用微信、抖音、今日头条等新媒体平台，例如，通过设立微信公众号，在公众号内实时更新有关农村环境保护相关的政策方针，及时汇报当地农村环境保护工作的进展和成效，在农村地区营造一种"人人环保""环保光荣"的良好社会氛围，形成关于保护环境的正向描述性社会规范，进而推动农村居民的"公"领域亲环境行为的实施。最后，倡导将农村居民在公共场所的亲环境行为纳入村规民约，并利用无人机等先进手段在村庄范围内对农村居民的环保行为进行监督，针对在公开场合乱扔垃圾、浪费水电资源的农村居民开展批评教育等，通过此类社会规范约束农村居民破坏环境的行为，提高农村居民在"公"领域实施亲环境行为的可能性。

六　加大环保政策的宣传力度，推动农村居民不同群体广泛参与环保行动

充分考虑不同的农村居民群体的异质性，制定不同的环保政策宣传方式，广泛动员不同的农村居民群体参与"公"领域环境保护。针对年轻农村群体，要将环保宣传教育纳入各级各类学校的基础教育内容，对于低年级学生，通过课后活动期间播放有趣易懂的环保卡通动画吸引儿童关注"公"领域的环境保护，引导儿童在有趣的卡通动画中学到环保知识，寓教于乐；对于中高年级学生，通过在教室张贴环保标语，增加思想品德课

程中关于环境保护内容的比例，同时举办环保系列征文比赛，让青少年从学校教育中掌握更多环保信息和知识，鼓励青少年通过自身的亲环境行为改善"公"领域的环境。针对中年农村群体，通过微信、抖音、数字大屏等渠道传播"公"领域亲环境行为对农村居民的益处，如在公共场所节水有助于增加农业用水等，促使中年农村居民在"公"领域实施节能等亲环境行为的积极性。针对老年农村群体，可以将环保元素融入村庄中，如在房屋外墙增添壁画，在其中融入部分环保典型人物、环保事迹和环保知识，使老年群体于散步中汲取更多环保信息和知识。通过对不同农村群体别样的环保宣传，强化农村居民对环境保护的认同，引导农村居民在公共场所中自愿、主动实施亲环境行为。

第二节　农村居民生活自愿亲环境行为引导政策设计

一　改进家庭教育方式，营造良好的家庭亲环境氛围

首先，通过加强环境知识的宣传教育，鼓励父辈带头实施亲环境行为。如村委会可以以户为单位派发环保手册、"户主代表"参与有奖问答活动等，提高父辈的环境意识，进而激发父辈实施亲环境行为的积极性。也可以开展家庭亲环境行为评比活动，父辈在活动中以身作则，带头自愿实施节水节电、垃圾分类等亲环境行为，并以"积分换物"作为奖励。其次，在家庭教育中，要从娃娃和青少年抓起，父母在日常生活中要身体力行地告诉子女节水节电、垃圾分类和绿色出行等是有利于环境保护的行为，使子女逐渐向其父母学习，在生活中主动做到节水节电、垃圾分类等亲环境行为。最后，积极弘扬孝道文化，依托电视、微信以及短视频平台等宣传孝道文化的积极价值，开展"和睦家庭""孝道之家"等评比活动，在农村社会形成崇尚孝德的良好风尚，从而引导子女向其父母学习在生活中积极主动实施亲环境行为。

二　加大生态文化的宣传力度，塑造生态价值观

政府在加大生态文化宣传力度的同时，也要切实把握差异化的生态文化宣传导向，根据农村居民有差别的信息接受能力和各异的信息需求程度制定差异化的宣传方案。针对中老年群体，要通过面对面的活动普及，讲

解关于生态文化的专业知识；针对青年群体，可以利用线上宣传渠道，通过视频号、微信公众号、微博和抖音等平台，每天推送与生态知识有关的内容；针对幼儿群体，可以发放有环境保护、垃圾分类小常识的画本。通过此类线上和线下的多种宣传方式，加大宣传力度，并突出对各个年龄段农村居民的宣传重点，以满足不同年龄段农村居民的信息接受能力和环保需求，进而更合理高效地引导农村居民树立生态价值观念，进一步促成农村居民生活自愿亲环境行为的实施。

三　培育亲环境行为的村庄规范，树立以环保为荣的面子观念

第一，通过宣传教育对村庄风气和环境观念进行正确引导，如在村内道路两旁悬挂类似"以保护为荣，以破坏环境为耻"字样的横幅，在村委会布告栏上张贴"亲环境模范"的照片等。第二，鼓励和引导党员以及基层干部率先在生活中践行节能、节水、生活垃圾分类等环保行为，通过形成亲环境的示范效应，逐步在村里建立环保即为有面子的氛围，从而引导更多的农村居民在生活中自觉、主动实施节能、垃圾分类、绿色出行等亲环境行为。第三，开设村委会的公众号和抖音官方账号，定期推送与褒扬在生活中积极主动实施亲环境行为的村民有关的内容，以带动更多人自觉在生活中实施亲环境行为。

四　拓展农村居民的社会网络，提高人际信任水平

强化和拓展农村居民社会网络，要充分利用农村居民社会网络的信息扩散功能，提高其在亲环境过程中的信任水平。首先，完善农村相关基础设施条件，如搭建村民活动中心、创建村民小组微信群等，从而加强农村居民之间的交往频率，进而增强农村居民之间的信任水平。同时，培育农村基层社区组织，针对与农村环境有关的问题，可以通过"一事一议"等方式提高农村居民的参与率。此外，积极组织群体活动，通过开展以垃圾分类、资源回收利用为主题的活动，让村民在活动中进行交流、互动和学习，加深村民之间的感情，为提高人际信任水平提供条件，进而促使农村居民在日常生活中主动实施亲环境行为。

五 运用先进科技手段，创新亲环境行为引导机制

充分利用新媒体工具，如村委会借助微信和抖音等自媒体平台，一周推送多次与垃圾分类、废物回收、节水节电等亲环境有关的内容；或将亲环境文化与流行文化进行结合，如在视频号中发布以亲环境小妙招为主题的短视频，每周一更，使农村居民在潜移默化中学习到有关亲环境的知识；或鼓励村民发布个人在生活中实施亲环境行为的视频或朋友圈，村委会承诺一周内该视频或朋友圈点赞数达到一定标准可以换取实物奖励；还可以在村内树立"亲环境形象大使"，并在公众号、朋友圈等新媒体平台大力宣传，使农村居民认识到积极实施亲环境行为可以为他们带来荣誉，进而提升农村居民对于在生活中自觉主动实施环境友好行为的积极性。

六 打造亲环境服务项目，提高农村居民亲环境积极性

政府要通过完善基础设施建设、提供信息或相关指导，让农村居民知道什么是亲环境行为，如何在生活中实施亲环境行为。如在生活垃圾处理方面，可以在村庄内增设垃圾投放点或者开展垃圾车上门收垃圾的服务，在废旧家电处置方面，设置相应的回收网点并完善回收渠道。同时，可以早中晚各进行一次广播提醒农村居民对生活垃圾进行分类、节约用水用电、清理家禽粪便等。此外，还可以通过宣传栏、村干部讲座、视频短片等形式对各类亲环境行为向农村居民进行普及。村干部也要定期走访，询问村民的环境诉求，比如：是否需要增设生活垃圾投放点，是否需要开展相关知识的普及活动等，让农村居民感觉在农村亲环境行为实施中被需要和被重视，从而提升农村居民在日常生活中主动实施亲环境行为的可能性。

七 加强农村环境问题后果宣传，增强农村居民环境责任感

一是由村委会牵头，农闲时在村内开展生活垃圾分类、节水节电、资源回收利用等教育活动，使农村居民在活动中意识到不保护环境的后果严重，树立其对于环境保护的责任感。二是可以通过电视、网络等媒体，加强宣传农村的环境现状以及不实施亲环境行为可能造成的负面影响，使农村居民认识到自身行为与农村环境间的对立统一关系，增强农村居民环境

保护的紧迫感，引导农村居民激发内心的环境责任感，提高农村居民的亲
环境行为个人规范。三是将环境保护等要求加到村规民约中，对破坏环境
的农村居民加强教育和约束管理，并通过宣传标语引导其在日常生活中逐
渐树立环境责任感，促使其承担相应的环境保护的责任，自发地在生活中
实施亲环境行为。

八　强化农村居民的环境价值感知，唤醒农村居民积极的环境情感

通过电视的公益广告、微信、广播或张贴宣传标语等手段，宣传环保
与农村居民健康以及环保与生态环境之间关系方面的信息，促使农村居民
认识到在生活中践行节能、节水、生活垃圾分类等环保行为不仅关乎其日
常生活环境，而且会影响到农业生产的可持续性，从而提升农村居民对于
实施亲环境行为能够带来的经济利益、生态利益和社会利益的认同。此
外，政府可以通过环保宣传、垃圾分类培训以及节水节电评比等活动，鼓
励和引导农村居民积极参与、体验亲环境行动，从而激发农村居民的主动
性和参与意愿，并在活动中了解不实施亲环境行为所带来的危害，从而提
高自身对亲环境行为的价值感知水平。在此基础上，再通过公益广告、短
视频平台等，运用图片和视频等多种形式宣传报道一些因农村居民主动参
与保护环境从而使乡村变美的典型案例，以唤醒农村居民的环境情感，引
导其在日常生活中积极主动地保护环境。

附录一

问卷编号：_____ 　　　　　　录入员：_____

农村居民节能行为调查问卷

农民朋友，您好：

　　本次问卷是为完成国家课题研究而设置的，您的自愿如实回答将对课题组提出的政策建议具有重要价值。所有回答不分对错。课题组向您郑重承诺，绝不会泄露您的隐私，也不会给您带来任何麻烦。

被访者姓名		家庭住址	_____市（区）_____乡（镇）_____村_____小组
身份证号码			联系电话

A01　人口特征（在相应选择上打√即可）

01	性别	0＝女；1＝男
02	年龄	____岁
03	您上过几年学？（没上过填"0"）	____年
04	婚姻状况	0＝未婚；1＝已婚
05	您2017年可支配收入大约为	_____元
06	您的家庭成员构成	1＝一人独居；2＝夫妻二人和子女；3＝夫妻二人、子女和父母同住；4＝与他人同住
07	您是否做过村干部（包括曾经做过）	0＝否；1＝是

08	您家住在什么地方？	1 = 传统农村；2 = 乡镇；3 = 县城；4 = 打工所在地
09	您是否外出打工过？	0 = 否；1 = 是
10	您打工累计的年数？（没打工过填"0"）	＿＿＿年
11	您现在是否在外打工？	0 = 否；1 = 是
12	您的打工所在地（时间最长的，xx 省 xx 市）？	＿＿＿＿省＿＿＿＿市

B01　请根据您自身的判断或想法，勾选出一个您认为最恰当的选项（在相应选择上打√即可）

1 = 完全不同意；2 = 比较不同意；3 = 有点不同意；4 = 不确定；

5 = 有点同意；6 = 比较同意；7 = 完全同意

题号	项目	完全不同意←→完全同意
01	我离开房间时，会随手关灯	① ② ③ ④ ⑤ ⑥ ⑦
02	家用电器不使用时，我会关闭电源	① ② ③ ④ ⑤ ⑥ ⑦
03	小件衣物我会手洗，大件衣物才使用洗衣机	① ② ③ ④ ⑤ ⑥ ⑦
04	我做饭时，注意调节火苗以减少燃气浪费	① ② ③ ④ ⑤ ⑥ ⑦
05	一天以上没人在家时，我会关掉总电闸	① ② ③ ④ ⑤ ⑥ ⑦
06	我在看电视、用电脑时，主动调低屏幕的亮度	① ② ③ ④ ⑤ ⑥ ⑦
07	我会尽可能的少用家用电器（如电视、电扇、洗衣机、取暖器等）	① ② ③ ④ ⑤ ⑥ ⑦
08	我使用空调或电扇时，会通过增减衣物来适应室温以减少能耗	① ② ③ ④ ⑤ ⑥ ⑦
09	条件允许情况下，我会选择公交、骑车或步行方式出行	① ② ③ ④ ⑤ ⑥ ⑦
10	我会尽量减少冰箱的开关门次数	① ② ③ ④ ⑤ ⑥ ⑦
11	我会尽量选购买当季的蔬菜和水果	① ② ③ ④ ⑤ ⑥ ⑦
12	我会尽量选本地产的蔬菜和水果	① ② ③ ④ ⑤ ⑥ ⑦

1=完全不同意；2=比较不同意；3=有点不同意；4=不确定；5=有点同意；
6=比较同意；7=完全同意

题号	项目	完全不同意←──→完全同意
13	我会选择购买简单包装的商品	① ② ③ ④ ⑤ ⑥ ⑦
14	我家购买的灯具，大都是节能灯	① ② ③ ④ ⑤ ⑥ ⑦
15	我家买的空调、冰箱等家电产品大都是节能型的	① ② ③ ④ ⑤ ⑥ ⑦
16	我家购买的厨卫设施，大都是节能型产品	① ② ③ ④ ⑤ ⑥ ⑦
17	买家电时我会首选有节能标签的产品	① ② ③ ④ ⑤ ⑥ ⑦
18	我家购买了太阳能热水器	① ② ③ ④ ⑤ ⑥ ⑦
19	我会主动购买使用新能源的产品（如新能源汽车）	① ② ③ ④ ⑤ ⑥ ⑦
20	在购买电器时，我会注意电器的能耗标识	① ② ③ ④ ⑤ ⑥ ⑦
21	住宅装修或装饰时，我购买的是节能环保型材料	① ② ③ ④ ⑤ ⑥ ⑦
22	我会在住宅节能上主动投资	① ② ③ ④ ⑤ ⑥ ⑦
23	购房时，我会购买有节能设计的住房	① ② ③ ④ ⑤ ⑥ ⑦
24	在做新房时我会考虑住宅的节能设计（如自然采光、通风等）	① ② ③ ④ ⑤ ⑥ ⑦
25	我会主动向亲朋好友或邻居建议节能，分享节能经验	① ② ③ ④ ⑤ ⑥ ⑦
26	我会主动阻止他人的能源浪费行为	① ② ③ ④ ⑤ ⑥ ⑦
27	我参加了"世界节能日"活动	① ② ③ ④ ⑤ ⑥ ⑦
28	我参加了"地球一小时"的全球熄灯一小时活动	① ② ③ ④ ⑤ ⑥ ⑦
29	我会在上班的地方节能	① ② ③ ④ ⑤ ⑥ ⑦
30	我在上班的地方会从事节能活动	① ② ③ ④ ⑤ ⑥ ⑦
31	我会尽力在上班的地方节能	① ② ③ ④ ⑤ ⑥ ⑦
32	我会在公共场所（如村委会、公共厕所）节能	① ② ③ ④ ⑤ ⑥ ⑦

B02 请根据您自身的判断或想法，勾选出一个您认为最恰当的选项（在相应选择上打√即可）

1 = 完全不同意；2 = 比较不同意；3 = 有点不同意；4 = 不确定；
5 = 有点同意；6 = 比较同意；7 = 完全同意

题号	项目	完全不同意←→完全同意
01	明年我会参加"地球一小时"全球熄灯活动	① ② ③ ④ ⑤ ⑥ ⑦
02	今后我愿意成为节能宣传的志愿者	① ② ③ ④ ⑤ ⑥ ⑦
03	今后我会关掉不用的电器电源，减少待机能耗	① ② ③ ④ ⑤ ⑥ ⑦
04	只要时间财力允许，我愿意购买节能产品	① ② ③ ④ ⑤ ⑥ ⑦
05	我愿意改变日常用能的习惯，节约能源	① ② ③ ④ ⑤ ⑥ ⑦
06	我打算从事节能活动	① ② ③ ④ ⑤ ⑥ ⑦
07	我将努力节约能源	① ② ③ ④ ⑤ ⑥ ⑦

C01 请根据您的真实想法，每道题从下列各项"名词"中选出一个答案（在相应方框内打√即可）

题号	项目	经济	舒适	保护环境	方便	健康	安全
01	您随手关灯时，最重要的原因是：						
02	您出远门关电总闸，最重要的原因是：						
03	您少用电器时，最重要的原因是：						
04	您购买节能电器时，最重要的原因是：						
05	您建议他人节能最重要的原因是：						

C02 请根据您自身的判断或想法，勾选出一个您认为最恰当的选项（在相应选择上打√即可）

1 = 完全不同意；2 = 比较不同意；3 = 有点不同意；4 = 不确定；5 = 有点同意；
6 = 比较同意；7 = 完全同意

题号	项目	完全不同意←→完全同意
01	"节能"可以节约开支	① ② ③ ④ ⑤ ⑥ ⑦
02	"节能"能够给我带来非常大的精神满足	① ② ③ ④ ⑤ ⑥ ⑦
03	"节能"有助于减少不可避免的环境污染	① ② ③ ④ ⑤ ⑥ ⑦

	1＝完全不同意；2＝比较不同意；3＝有点不同意；4＝不确定；5＝有点同意； 6＝比较同意；7＝完全同意	
04	我不太注意用能多少，该用就用	① ② ③ ④ ⑤ ⑥ ⑦
05	夏季，只要觉得热，我就会使用制冷设备 （如电风扇、空调等）	① ② ③ ④ ⑤ ⑥ ⑦
06	冬季，只要觉得冷我就会使用取暖设备 （如电暖气、空调等）	① ② ③ ④ ⑤ ⑥ ⑦
07	与节能相比，我觉得生活的舒适性更重要	① ② ③ ④ ⑤ ⑥ ⑦

C03 请根据您自身的判断或想法，勾选出一个您认为最恰当的选项（在相应选择上打√即可）

	1＝完全不同意；2＝比较不同意；3＝有点不同意；4＝不确定； 5＝有点同意；6＝比较同意；7＝完全同意	
题号	项目	完全不同意←→完全同意
01	电器设备待机时的耗电量，一般为其开机耗电量的10%左右	① ② ③ ④ ⑤ ⑥ ⑦
02	在电源开关未关闭的情况下，家用电器内部的红外线接收遥控电路还处于待机状态，电器仍在耗电	① ② ③ ④ ⑤ ⑥ ⑦
03	盛夏，空调温度最好设定室内与室外温差为4—5摄氏度，也就是27—28摄氏度，这样节电	① ② ③ ④ ⑤ ⑥ ⑦
04	夏季空调设定温度每调高1度，就可省大约8%的电量	① ② ③ ④ ⑤ ⑥ ⑦
05	冰箱放八成满时最省电，同时制冷效果最好	① ② ③ ④ ⑤ ⑥ ⑦
06	洗衣机内洗涤的衣物过少和过多都会增加耗电量	① ② ③ ④ ⑤ ⑥ ⑦

C04 请根据您自身的判断或想法，勾选出一个您认为最恰当的选项（在相应选择上打√即可）

1 = 完全不同意；2 = 比较不同意；3 = 有点不同意；4 = 不确定；

5 = 有点同意；6 = 比较同意；7 = 完全同意

题号	项目	完全不同意←→完全同意
01	我有义务节约能源，减少碳排放	① ② ③ ④ ⑤ ⑥ ⑦
02	我愿为节能做出贡献	① ② ③ ④ ⑤ ⑥ ⑦
03	节能减排是政府和企业的责任，而不是个人的责任	① ② ③ ④ ⑤ ⑥ ⑦
04	为了节能，我愿意牺牲一些个人利益	① ② ③ ④ ⑤ ⑥ ⑦
05	看到有人做出有损环境的行为，我会主动劝阻	① ② ③ ④ ⑤ ⑥ ⑦
06	节能有利于缓解能源短缺问题	① ② ③ ④ ⑤ ⑥ ⑦
07	节能产品的使用成本比较低	① ② ③ ④ ⑤ ⑥ ⑦
08	使用节能产品能够缓解污染	① ② ③ ④ ⑤ ⑥ ⑦
09	新能源汽车能降低对石油的依赖	① ② ③ ④ ⑤ ⑥ ⑦
10	节能行为可以省钱	① ② ③ ④ ⑤ ⑥ ⑦
11	节能可以减少污染（如二氧化碳排放），有助于身体健康	① ② ③ ④ ⑤ ⑥ ⑦
12	节能产品价格偏高	① ② ③ ④ ⑤ ⑥ ⑦
13	节能家电技术不成熟	① ② ③ ④ ⑤ ⑥ ⑦
14	新能源家电技术不成熟	① ② ③ ④ ⑤ ⑥ ⑦
15	新能源汽车的性能不够稳定和可靠	① ② ③ ④ ⑤ ⑥ ⑦

C05 请根据您自身的判断或想法，勾选出一个您认为最恰当的选项（在相应选择上打√即可）

1 = 完全不同意；2 = 比较不同意；3 = 有点不同意；4 = 不确定；5 = 有点同意；
6 = 比较同意；7 = 完全同意

题号	项目	完全不同意←→完全同意
01	能源消耗是导致环境问题的一个主要因素	① ② ③ ④ ⑤ ⑥ ⑦
02	急需解决能源消耗造成的环境污染问题	① ② ③ ④ ⑤ ⑥ ⑦
03	我非常担忧能源消耗所带来的环境问题	① ② ③ ④ ⑤ ⑥ ⑦
04	能源消耗会对全球气候产生负面影响	① ② ③ ④ ⑤ ⑥ ⑦
05	我意识到石油等能源使用时会污染环境，比如雾霾	① ② ③ ④ ⑤ ⑥ ⑦
06	我知道节能有助于保护环境	① ② ③ ④ ⑤ ⑥ ⑦
07	我觉得有责任节能	① ② ③ ④ ⑤ ⑥ ⑦
08	不管别人怎么做，我觉得有义务节能，因为这是我的原则	① ② ③ ④ ⑤ ⑥ ⑦
09	在能源消费中，我的观念是保护环境	① ② ③ ④ ⑤ ⑥ ⑦
10	我节能的目的是保护环境	① ② ③ ④ ⑤ ⑥ ⑦
11	我计划通过节能来保护环境	① ② ③ ④ ⑤ ⑥ ⑦
12	为了保护环境，我每天都会节能	① ② ③ ④ ⑤ ⑥ ⑦
13	节能是我日常生活的一部分	① ② ③ ④ ⑤ ⑥ ⑦
14	我节能是不需要思考的事情	① ② ③ ④ ⑤ ⑥ ⑦
15	随手关灯是自然而然的事情	① ② ③ ④ ⑤ ⑥ ⑦
16	我有节能的习惯	① ② ③ ④ ⑤ ⑥ ⑦
17	节能已经成为我的习惯	① ② ③ ④ ⑤ ⑥ ⑦
18	购买节能型家电是我的习惯	① ② ③ ④ ⑤ ⑥ ⑦
19	购买家电时，我习惯购买节能型产品	① ② ③ ④ ⑤ ⑥ ⑦
20	近年来，电视、报纸、网络等广告促进了农民节能	① ② ③ ④ ⑤ ⑥ ⑦
21	近年来，地方政府开展了一系列的节能宣传活动有助于农民节能	① ② ③ ④ ⑤ ⑥ ⑦
22	近年来，政府"高效节能家电补贴政策"促进了农民买节能家电	① ② ③ ④ ⑤ ⑥ ⑦
23	近年来，政府补贴政策（修建户用沼气池）促进了农民应用沼气	① ② ③ ④ ⑤ ⑥ ⑦

C06 请根据您自身的判断或想法，勾选出一个您认为最恰当的选项（在相应选择上打√即可）

1 = 完全不同意；2 = 比较不同意；3 = 有点不同意；4 = 不确定；
5 = 有点同意；6 = 比较同意；7 = 完全同意

题号	项目	完全不同意←→完全同意
01	如果我想尽力去节能，总是能够达成目标	① ② ③ ④ ⑤ ⑥ ⑦
02	对我来说，节能是轻而易举的	① ② ③ ④ ⑤ ⑥ ⑦
03	对于我个人来说，做有利于环境的事是非常容易的	① ② ③ ④ ⑤ ⑥ ⑦
04	我完全有能力购买和使用节能产品	① ② ③ ④ ⑤ ⑥ ⑦
05	只要我愿意尽力，就能解决一定的环境问题	① ② ③ ④ ⑤ ⑥ ⑦
06	我有足够的知识和技能来节约能源	① ② ③ ④ ⑤ ⑥ ⑦
07	是否节能完全取决于我自己	① ② ③ ④ ⑤ ⑥ ⑦
08	实施节能行为遇到困难时，我总是能够解决	① ② ③ ④ ⑤ ⑥ ⑦
09	实施节能时，即使我感到有障碍，也不会放弃	① ② ③ ④ ⑤ ⑥ ⑦
10	实施节能时，如果我感觉到很麻烦，就会放弃	① ② ③ ④ ⑤ ⑥ ⑦
11	如果政府不支持，对环境问题，我们普通人是无能为力的	① ② ③ ④ ⑤ ⑥ ⑦
12	只有少数科学家或有权势的人，才能对环境问题改善有所影响	① ② ③ ④ ⑤ ⑥ ⑦

C07 请根据您真实想法，描述您对下列各项"名词"的在意程度：（在相应选择上打√即可）

1 = 非常不在意；2 = 比较不在意；3 = 不太在意；4 = 不确定；
5 = 有点在意；6 = 比较在意；7 = 非常在意

题号	项目	非常不在意←→非常在意
01	个人财富	① ② ③ ④ ⑤ ⑥ ⑦
02	个人权利	① ② ③ ④ ⑤ ⑥ ⑦
03	个人社会地位	① ② ③ ④ ⑤ ⑥ ⑦
04	社会正义	① ② ③ ④ ⑤ ⑥ ⑦
05	他人利益	① ② ③ ④ ⑤ ⑥ ⑦
06	社会公平	① ② ③ ④ ⑤ ⑥ ⑦
07	保护环境	① ② ③ ④ ⑤ ⑥ ⑦
08	防止污染	① ② ③ ④ ⑤ ⑥ ⑦
09	与自然和谐相处	① ② ③ ④ ⑤ ⑥ ⑦

C08 请根据您自身的判断或想法，勾选出一个您认为最恰当的选项（在相应选择上打√即可）

1 = 完全不同意；2 = 比较不同意；3 = 有点不同意；4 = 不确定；
5 = 有点同意；6 = 比较同意；7 = 完全同意

题号	项目	完全不同意←→完全同意
01	我觉得应该尽量节能	① ② ③ ④ ⑤ ⑥ ⑦
02	我觉得节能对大家都有利	① ② ③ ④ ⑤ ⑥ ⑦
03	我觉得节能是明智的选择	① ② ③ ④ ⑤ ⑥ ⑦
04	我赞成使用节能产品	① ② ③ ④ ⑤ ⑥ ⑦
05	我支持购买和使用节能产品	① ② ③ ④ ⑤ ⑥ ⑦
06	我觉得节能是一种好习惯	① ② ③ ④ ⑤ ⑥ ⑦
07	看到别人浪费能源，我会感到很讨厌	① ② ③ ④ ⑤ ⑥ ⑦
08	看到别人浪费能源，我会感到很气愤	① ② ③ ④ ⑤ ⑥ ⑦
09	我会鄙视那些浪费能源的人	① ② ③ ④ ⑤ ⑥ ⑦
10	如果我不节约能源，我会感到很羞耻	① ② ③ ④ ⑤ ⑥ ⑦
11	如果我不节约能源，我会感到很内疚	① ② ③ ④ ⑤ ⑥ ⑦
12	如果我不节约能源，我会感到很痛心	① ② ③ ④ ⑤ ⑥ ⑦
13	看到别人节约能源，我会很赞许	① ② ③ ④ ⑤ ⑥ ⑦
14	看到别人节约能源，我会很欣赏	① ② ③ ④ ⑤ ⑥ ⑦
15	看到别人节约能源，我会很敬重	① ② ③ ④ ⑤ ⑥ ⑦
16	如果我节约了能源，我会感到很开心	① ② ③ ④ ⑤ ⑥ ⑦
17	如果我节约了能源，我会感到很自豪	① ② ③ ④ ⑤ ⑥ ⑦
18	如果我节约了能源，我会感到很欣慰	① ② ③ ④ ⑤ ⑥ ⑦

C09 请根据您自身的判断或想法，勾选出一个您认为最恰当的选项（在相应选择上打√即可）

1 = 完全不同意；2 = 比较不同意；3 = 有点不同意；4 = 不确定；
5 = 有点同意；6 = 比较同意；7 = 完全同意

题号	项目	完全不同意←→完全同意
01	我努力工作是为了我的群体（包括家人、亲戚、朋友等）	① ② ③ ④ ⑤ ⑥ ⑦
02	我认为同伴是否健康快乐对我来说很重要	① ② ③ ④ ⑤ ⑥ ⑦

续表

1 = 完全不同意；2 = 比较不同意；3 = 有点不同意；4 = 不确定；

5 = 有点同意；6 = 比较同意；7 = 完全同意

题号	项目	完全不同意←→完全同意
03	我会随时帮助那些需要帮助的人	① ② ③ ④ ⑤ ⑥ ⑦
04	为了集体的利益我会牺牲自己的利益	① ② ③ ④ ⑤ ⑥ ⑦
05	我们应该与自然和谐相处	① ② ③ ④ ⑤ ⑥ ⑦
06	我们应该理解和崇尚自然	① ② ③ ④ ⑤ ⑥ ⑦
07	我们作为世界的主体，可以随心所欲地利用自然	① ② ③ ④ ⑤ ⑥ ⑦
08	我们只是自然的一部分	① ② ③ ④ ⑤ ⑥ ⑦
09	乘车的时候我会主动为老人让座	① ② ③ ④ ⑤ ⑥ ⑦
10	良好人际关系比我自己取得成绩更重要	① ② ③ ④ ⑤ ⑥ ⑦
11	对我来说和他人维持融洽关系非常重要	① ② ③ ④ ⑤ ⑥ ⑦
12	我周围人的快乐就是我的快乐	① ② ③ ④ ⑤ ⑥ ⑦
13	我总是尊敬那些谦虚的人	① ② ③ ④ ⑤ ⑥ ⑦
14	我总是尊敬我所交往的领导级人物	① ② ③ ④ ⑤ ⑥ ⑦
15	在教育和职业规划时我会考虑父母长辈意见	① ② ③ ④ ⑤ ⑥ ⑦
16	即使我的观点和集体成员不同，我也尽量避免争论	① ② ③ ④ ⑤ ⑥ ⑦

D01 请根据您自身的判断或想法，勾选出一个您认为最恰当的选项（在相应选择上打√即可）

1 = 完全不同意；2 = 比较不同意；3 = 有点不同意；4 = 不确定；

5 = 有点同意；6 = 比较同意；7 = 完全同意

题号	项目	完全不同意←→完全同意
01	媒体和村里的宣传让我学会了很多节能的知识和技能	① ② ③ ④ ⑤ ⑥ ⑦
02	媒体的宣传报道，使我意识到节能对于保护环境很重要	① ② ③ ④ ⑤ ⑥ ⑦
03	好的宣传促销活动，会促使我购买节能产品	① ② ③ ④ ⑤ ⑥ ⑦
04	知道如何节能，对我是否节能很重要	① ② ③ ④ ⑤ ⑥ ⑦
05	《公众节能行为指南》对我的节能行为影响很大	① ② ③ ④ ⑤ ⑥ ⑦
06	电价、油价的不断上涨让我越来越注意节电和节油	① ② ③ ④ ⑤ ⑥ ⑦
07	如果开征碳税导致能源涨价，我会更注意节能	① ② ③ ④ ⑤ ⑥ ⑦

D02 请根据您自身的判断或想法，勾选出一个您认为最恰当的选项（在相应选择上打√即可）

1 = 完全不同意；2 = 比较不同意；3 = 有点不同意；4 = 不确定；
5 = 有点同意；6 = 比较同意；7 = 完全同意

题号	项目	完全不同意←→完全同意
01	居民用电价格水平高	① ② ③ ④ ⑤ ⑥ ⑦
02	居民用煤气或煤炭价格水平高	① ② ③ ④ ⑤ ⑥ ⑦
03	高效节能家电价格水平高	① ② ③ ④ ⑤ ⑥ ⑦

D03 请根据您自身的判断或想法，勾选出一个您认为最恰当的选项（在相应选择上打√即可）

1 = 完全不同意；2 = 比较不同意；3 = 有点不同意；4 = 不确定；5 = 有点同意；
6 = 比较同意；7 = 完全同意

题号	项目	完全不同意←→完全同意
01	节能更符合我的身份地位	① ② ③ ④ ⑤ ⑥ ⑦
02	节能符合政府政策的要求	① ② ③ ④ ⑤ ⑥ ⑦
03	节能更符合社会公德的要求	① ② ③ ④ ⑤ ⑥ ⑦
04	节能符合社会发展的潮流	① ② ③ ④ ⑤ ⑥ ⑦
05	朋友、家人的推荐会影响我是否购买节能产品（如：节能家电）	① ② ③ ④ ⑤ ⑥ ⑦
06	为了满足家人及亲朋好友的期望，我会选择购买节能产品	① ② ③ ④ ⑤ ⑥ ⑦
07	购买节能产品会提升我在亲朋好友心中的地位	① ② ③ ④ ⑤ ⑥ ⑦
08	购买节能产品会被其他人尊重	① ② ③ ④ ⑤ ⑥ ⑦
09	相对而言，我在日常生活中比较注重面子	① ② ③ ④ ⑤ ⑥ ⑦
10	面子上好看是我最常考虑的事情	① ② ③ ④ ⑤ ⑥ ⑦
11	我常出于维护面子而调整或改变自身行为	① ② ③ ④ ⑤ ⑥ ⑦
12	节能让人觉得您很小气，有损面子	① ② ③ ④ ⑤ ⑥ ⑦
13	我认为我有道义上的责任来节约能源	① ② ③ ④ ⑤ ⑥ ⑦
14	在公众场所节约能源取决于我自己的道德义务	① ② ③ ④ ⑤ ⑥ ⑦

1 = 完全不同意；2 = 比较不同意；3 = 有点不同意；4 = 不确定；5 = 有点同意；

6 = 比较同意；7 = 完全同意

题号	项目	完全不同意←→完全同意
15	如果我不能在公众场所节约能源，我会感到不高兴	① ② ③ ④ ⑤ ⑥ ⑦
16	在公众场所不节约能源会违反我的道德准则	① ② ③ ④ ⑤ ⑥ ⑦
17	我的家人已经参与了节能行动	① ② ③ ④ ⑤ ⑥ ⑦
18	我认识的许多人都参与了节能行为	① ② ③ ④ ⑤ ⑥ ⑦
19	我的邻居和朋友已经采取行动来节约能源	① ② ③ ④ ⑤ ⑥ ⑦
20	其他对我很重要的人也参与了节能行为	① ② ③ ④ ⑤ ⑥ ⑦
21	我周围的人大都认为应该节约能源	① ② ③ ④ ⑤ ⑥ ⑦
22	浪费能源的行为会受到周围人的批评	① ② ③ ④ ⑤ ⑥ ⑦
23	参与节能活动是件光荣的事	① ② ③ ④ ⑤ ⑥ ⑦

E01 请根据您自身的判断或想法，勾选出一个您认为最恰当的选项（在相应选择上打√即可）

1 = 完全不同意；2 = 比较不同意；3 = 有点不同意；4 = 不确定；5 = 有点同意；

6 = 比较同意；7 = 完全同意

题号	项目	完全不同意←→完全同意
01	我了解"阶梯电价政策"	① ② ③ ④ ⑤ ⑥ ⑦
02	我了解新能源汽车补贴政策	① ② ③ ④ ⑤ ⑥ ⑦
03	我了解贴有"节能产品惠民工程"标识的产品均可享受补贴	① ② ③ ④ ⑤ ⑥ ⑦
04	我了解"高效节能家电补贴政策"	① ② ③ ④ ⑤ ⑥ ⑦
05	我了解每年开展的"节能宣传周活动"	① ② ③ ④ ⑤ ⑥ ⑦
06	我了解关于引导居民节能的政策（例如《公众节能行为指南》）	① ② ③ ④ ⑤ ⑥ ⑦

E02 请根据您自身的判断或想法，勾选出一个您认为最恰当的选项（在相应选择上打√即可）

1＝完全不同意；2＝比较不同意；3＝有点不同意；4＝不确定；5＝有点同意；
6＝比较同意；7＝完全同意

题号	项目	完全不同意←→完全同意
01	节能产品或节能宣传的小册子会使我更关注节能	① ② ③ ④ ⑤ ⑥ ⑦
02	媒体中的节能产品或节能介绍会使我更关注节能	① ② ③ ④ ⑤ ⑥ ⑦
03	节能标识会促使我购买节能产品	① ② ③ ④ ⑤ ⑥ ⑦
04	节能教育和节能宣传有助于我节能	① ② ③ ④ ⑤ ⑥ ⑦
05	电费详细账单和即时用电量等用能信息有助于我节能	① ② ③ ④ ⑤ ⑥ ⑦
06	如政府对节能产品进行补贴，我更愿意购买节能产品（如家电、太阳能热水器等）	① ② ③ ④ ⑤ ⑥ ⑦
07	如果对节能行为进行相关奖励的话，我会更积极去节能	① ② ③ ④ ⑤ ⑥ ⑦
08	如果政府进行阶梯电价（超过一定的量，电价会更高），我会减少电器的使用时间	① ② ③ ④ ⑤ ⑥ ⑦
09	如果政府相关规章制度要求必须节能，那我肯定会照办	① ② ③ ④ ⑤ ⑥ ⑦
10	如果政府规定使用一些节能环保的材料（如节能灯、节能建材、节能家电等），我会使用	① ② ③ ④ ⑤ ⑥ ⑦

E03 请根据您自身的判断或想法，勾选出一个您认为最恰当的选项（在相应选择上打√即可）

1 = 完全不同意；2 = 比较不同意；3 = 有点不同意；4 = 不确定；5 = 有点同意；

6 = 比较同意；7 = 完全同意

题号	项目	完全不同意←→完全同意
01	我在家电使用过程中会考虑"阶梯电价"	① ② ③ ④ ⑤ ⑥ ⑦
02	我在购买家电时会考虑"高效节能家电补贴政策"	① ② ③ ④ ⑤ ⑥ ⑦
03	"小排量节能汽车"补贴政策会影响我购车决定	① ② ③ ④ ⑤ ⑥ ⑦
04	有"节能产品惠民工程"标识产品可享受补贴会影响我购车决定	① ② ③ ④ ⑤ ⑥ ⑦
05	我认为节能政策宣传力度很大	① ② ③ ④ ⑤ ⑥ ⑦
06	我认为节能政策执行到位	① ② ③ ④ ⑤ ⑥ ⑦
07	我认为节能产品补贴政策力度很大	① ② ③ ④ ⑤ ⑥ ⑦
08	我认为电费详细账单和即时用电量等用能信息容易获取	① ② ③ ④ ⑤ ⑥ ⑦
09	我认为用能信息有助于我节能	① ② ③ ④ ⑤ ⑥ ⑦

本问卷到此结束，我们再次表示衷心的感谢！

附录二

问卷编号：_____   录入员：_____

农村居民亲环境行为调查问卷

农民朋友，您好：

　　本次问卷是为国家课题研究而设置的，您的自愿如实回答将对课题组提出的政策建议具有重要价值。所有回答不分对错。课题组向您郑重承诺，绝不会泄露您的隐私，也不会给您带来任何麻烦。

被访者姓名		家庭住址	_____ 市（区）_____ 乡（镇）_____ 村_____ 小组
身份证号码			联系电话

A01　人口及家庭特征（在相应选择上打√即可）

1. 性别	0 = 女；1 = 男
2. 年龄	____岁
3. 您的学历	A. 小学及以下；B. 初中；C. 高中或中专；C. 大专 D. 本科及以上
4. 婚姻状况	1 = 未婚；2 = 已婚；3 = 离异
5. 政治面貌	A. 中共党员；B. 民主党派；C. 群众
6. 家庭成员数	A. 1—2 人；B. 3 人；C. 4 人；D. 5 人及以上
7. 健康状况	1 = 非常差；2 = 比较差；3 = 一般；4 = 比较好；5 = 非常好

8. 2019 年您的年收入为（单位：元）	A. ≤ 1 万；B. 1 万—3 万；C. 3 万—5 万；D. 5 万—8 万；E. 8 万以上
9. 您是否做过村干部（包括曾经做过）	0 = 否；1 = 是
10. 您是否是家务的承担者	0 = 否；1 = 是
11. 村里是否设立了生活垃圾投放点	0 = 否；1 = 是
12. 村里所提供垃圾箱的摆放位置	A. 家门口；B. 指定收集点；C. 无
13. 村里是否配备了专职保洁员	0 = 没有；1 = 有
14. 废品回收站离你家的距离	1 = 较近；2 = 较远

B01　请根据您自身的判断或想法，勾选出一个您认为最恰当的选项（在相应选择上打√即可）

1. 政府是否向您大力宣传过农产品（如水稻等）要减量增效	0 = 否；1 = 是
2. 当地政府为禁烧秸秆是否实施了严厉惩罚措施	0 = 否；1 = 是
3. 您了解生活垃圾需要投放在门口的垃圾箱或村里的集中投放点是在	A = 政策实施前；B = 政策实施后
4. 您家离村里集中垃圾投放点的距离	A = 比较近；B = 比较远
5. 向您宣传生活垃圾分类政策的人主要是	A = 村干部；B = 亲朋邻里
6. 我家农业生产使用的肥料中，农家肥或有机肥所占比例	A. 30% 以下；B. 30%—50%；C. 51%—80%；D. 81%—100%
7. 我家农业生产中肥料、农药的施用	1 = 低于说明书上的配比；2 = 等于说明书上的配比；3 = 高于说明书上的配比
8. 我家农业生产使用的农药是	1 = 全部是普通农药；2 = 全部是生物农药或物理防治；3 = 两种农药都有
9. 我家用完的农药瓶或农药袋处理方式是	1 = 就地扔掉/焚烧；2 = 深埋；3 = 卖给废品收购站；4 = 扔到垃圾桶
10. 我家秸秆（稻草等）的处理方式是	1 = 将秸秆机械粉碎、还田处理；0 = 其他
11. 我家废弃农用塑料薄膜处理方式是	1 = 继续使用；2 = 卖给废品收购站；3 = 就地扔掉或焚烧；4 = 深埋
12. 我接受政府部门开展的化肥减量增效技术指导频率	1 = 非常少；2 = 比较少；3 = 一般；4 = 比较多；5 = 非常多

13. 我接受政府部门开展的农药减量增效技术指导频率	1 = 非常少；2 = 比较少；3 = 一般；4 = 比较多；5 = 非常多
14. 平时与您保持联系的亲人数量	1 = 非常少；2 = 比较少；3 = 一般；4 = 比较多；5 = 非常多
15. 平时与您保持联系的邻居数量	1 = 非常少；2 = 比较少；3 = 一般；4 = 比较多；5 = 非常多
16. 您与亲朋邻里聊天交流次数	1 = 非常少；2 = 比较少；3 = 一般；4 = 比较多；5 = 非常多
17. 您对亲戚朋友的信任程度	1 = 非常不信任；2 = 比较不信任；3 = 一般；4 = 比较信任；5 = 非常信任
18. 您对同村居民的信任程度	1 = 非常不信任；2 = 比较不信任；3 = 一般；4 = 比较信任；5 = 非常信任
19. 您对村干部的信任程度	1 = 非常不信任；2 = 比较不信任；3 = 一般；4 = 比较信任；5 = 非常信任
20. 您对政府政策的信任程度	1 = 非常不信任；2 = 比较不信任；3 = 一般；4 = 比较信任；5 = 非常信任

B02　请根据您自身的判断或想法，勾选出一个您认为最恰当的选项（在相应选择上打√即可）

1 = 完全不同意；2 = 比较不同意；3 = 不确定；4 = 比较同意；5 = 完全同意					
1. 由于"保护环境"是社会环保文化要求的，我才会实施亲环境行为（如购买节能家电、少用一次性碗筷及塑料袋等）	1	2	3	4	5
2. 我担心不实施亲环境行为（如购买节能家电、少用一次性碗筷及塑料袋等）会遭受村里人的鄙视，因此我不得不实施亲环境行为	1	2	3	4	5
3. 迫于政府政策和社会文化的要求和压力，我不得不进行生活垃圾分类	1	2	3	4	5
4. 为了获得村里人的认可，我会对生活垃圾进行分类	1	2	3	4	5
5. 为了避免村里人对我的负面评价，我会对生活垃圾进行分类	1	2	3	4	5

1 = 完全不同意；2 = 比较不同意；3 = 不确定；4 = 比较同意；5 = 完全同意					
6. 保护环境对我来说很重要，我非常乐意实施亲环境行为（如购买节能家电、自带购物袋/篮购物等）	1	2	3	4	5
7. 我认为实施破坏环境的行为或者无视环保行为都是不合理的	1	2	3	4	5
8. 受到我个人环保信念的驱动，即使没有垃圾分类政策的影响，我也会积极进行垃圾分类	1	2	3	4	5
9. 我会自愿把可回收垃圾（如纸壳、金属等）与其他垃圾分开	1	2	3	4	5
10. 我会自愿把有害垃圾与其他垃圾分开	1	2	3	4	5
11. 我会自愿把厨余垃圾与其他垃圾分开	1	2	3	4	5

B03 请根据您自身的判断，勾选出一个您认为最恰当的选项（在相应选择上打√即可）

1 = 完全不同意；2 = 比较不同意；3 = 不确定；4 = 比较同意；5 = 完全同意					
1. 我觉得应该实施亲环境行为（如垃圾分类、节电等）	1	2	3	4	5
2. 我觉得实施亲环境行为（如垃圾分类、节电等）对大家身体健康都有利	1	2	3	4	5
3. 我觉得实施亲环境行为（如垃圾分类、节电等）是明智的选择	1	2	3	4	5
4. 对我来说，实施亲环境行为（如垃圾分类、节电等）是轻而易举的	1	2	3	4	5
5. 实施亲环境行为（如垃圾分类、节电等），即使感到有障碍，也不会放弃	1	2	3	4	5
6. 只要我愿意，我可以很容易地实施亲环境行为（如垃圾分类、节电等）	1	2	3	4	5
7. 我有时间、资源和机会在日常生活中实施亲环境行为（如垃圾分类、节电等）	1	2	3	4	5
8. 实施亲环境行为（如垃圾分类、节电等）更符合我的身份地位	1	2	3	4	5
9. 我的家人认为应该实施亲环境行为（如垃圾分类、节电等）	1	2	3	4	5

续表

1 = 完全不同意；2 = 比较不同意；3 = 不确定；4 = 比较同意；5 = 完全同意					
10. 我的邻居认为应该实施亲环境行为（如垃圾分类、节电等）	1	2	3	4	5
11. 我觉得在我的日常生活中有责任把垃圾分类	1	2	3	4	5
12. 因能源消耗（如煤炭等）导致的生态破坏，我有很大责任	1	2	3	4	5
13. 资源浪费对我的家人和后代来说将是一个问题	1	2	3	4	5
14. 我国生活垃圾问题日益严重，将严重影响环境和人类健康	1	2	3	4	5
15. 生活垃圾不进行分类处理会造成资源浪费	1	2	3	4	5
16. 生活垃圾不进行分类处理会造成环境污染	1	2	3	4	5
17. 生活垃圾不分类造成资源的浪费我没有责任	1	2	3	4	5

C01 请根据您自身的判断，勾选出一个您认为最恰当的选项（在相应选择上打√即可）

1 = 完全不同意；2 = 比较不同意；3 = 不确定；4 = 比较同意；5 = 完全同意					
1. 村委会、村干部经常劝说我垃圾分类	1	2	3	4	5
2. 如果没有实施亲环境行为（如垃圾分类等），在村干部面前我感到有压力	1	2	3	4	5
3. 如果没有实施亲环境行为（如垃圾分类等），在邻居面前我感到有压力	1	2	3	4	5
4. 我愿意为改善村庄环境进行垃圾分类	1	2	3	4	5
5. 我希望自己在聊天时总能说出别人不知道的事	1	2	3	4	5
6. 别人对我的夸奖和称赞是重要的	1	2	3	4	5
7. 我想让大家知道我认识一些头面人物	1	2	3	4	5
8. 我总是避免谈及我不擅长的事情	1	2	3	4	5
9. 就算我真的不懂，我也竭力避免让其他人觉得我很无知	1	2	3	4	5
10. 我尽力隐瞒我的缺陷，不让其他人知道	1	2	3	4	5
11. 我希望在日常行为中能做到"保护环境"	1	2	3	4	5
12. 我希望在日常行为中能做到"防止污染"	1	2	3	4	5
13. 我希望在日常行为中能做到"与自然界和谐相处"	1	2	3	4	5

C02 请根据您自身的判断，勾选出一个您认为最恰当的选项（在相应选择上打√即可）

1 = 完全不同意；2 = 比较不同意；3 = 不确定；4 = 比较同意；5 = 完全同意					
1. 父母经常向我讲解生态知识	1	2	3	4	5
2. 父母在日常生活中很注重生态知识的学习	1	2	3	4	5
3. 我经常关注父母的身体健康状况	1	2	3	4	5
4. 父母忙碌时，我愿意主动帮助他们	1	2	3	4	5
5. 父母经常进行垃圾分类（如将塑料瓶、纸壳分类等）	1	2	3	4	5
6. 父母经常向他人交流垃圾分类的经验与体会	1	2	3	4	5
7. 垃圾分类需要花费时间	1	2	3	4	5
8. 垃圾分类需要花费精力	1	2	3	4	5
9. 垃圾分类需要占用场地	1	2	3	4	5
10. 需要花费时间学习垃圾分类知识	1	2	3	4	5
11. 生活垃圾分类能够改善村里的居住环境	1	2	3	4	5
12. 生活垃圾分类能够降低有害垃圾对土壤的污染	1	2	3	4	5
13. 生活垃圾分类能够促进垃圾、污水处理设施建设	1	2	3	4	5
14. 生活垃圾分类能够提高本村居民的素质	1	2	3	4	5
15. 生活垃圾分类可以增加收入	1	2	3	4	5
16. 通过村干部的宣传了解到要垃圾分类	1	2	3	4	5
17. 通过亲朋好友了解到要垃圾分类	1	2	3	4	5
18. 通过大众传媒（如上网、电视等）了解到要垃圾分类	1	2	3	4	5

D01 请根据您自身的判断，勾选出一个您认为最恰当的选项（在相应选择上打√即可）。

1 = 完全不同意；2 = 比较不同意；3 = 不确定；4 = 比较同意；5 = 完全同意					
1. 看到别人实施保护环境行为，我会很赞许	1	2	3	4	5
2. 如果我实施保护环境行为，我会感到很自豪	1	2	3	4	5
3. 看到别人破坏环境、浪费资源，我会感到很讨厌	1	2	3	4	5
4. 如果我不保护环境、节约资源，我会感到很内疚	1	2	3	4	5

1 = 完全不同意；2 = 比较不同意；3 = 不确定；4 = 比较同意；5 = 完全同意					
5. 维持自己团队内部的和谐对我来说非常重要	1	2	3	4	5
6. 为了团队的利益，我宁愿牺牲自己的利益	1	2	3	4	5
7. 我经常感觉与其他人的关系要比我自己的成就更重要	1	2	3	4	5
8. 与其冒险被误解，我更愿意直接说"不"	1	2	3	4	5
9. 无论我和谁在一起，我的行为都是一样的	1	2	3	4	5
10. 我的个人特质独立于其他人，对我来说很重要	1	2	3	4	5

D02　请根据您自身的判断，勾选出一个您认为最恰当的选项（在相应选择上打√即可）

1 = 非常不符合；2 = 比较不符合；3 = 不确定；4 = 比较符合；5 = 非常符合					
1. 在聚会中，我通常是中心人物	1	2	3	4	5
2. 在聚会中，我不常说话	1	2	3	4	5
3. 在聚会中，我会和很多不同的人说话	1	2	3	4	5
4. 如果我需要，我身边的人（村里人、好友等）会帮助我	1	2	3	4	5
5. 我知道我身边的人（村里人、好友等）会帮助我，所以我也应该帮助别人	1	2	3	4	5
6. 如果我需要，我身边的人（村里人、好友等）会与我分享信息	1	2	3	4	5
7. 我有许多好友（有好友关系/互相关注）	1	2	3	4	5
8. 我和我的好友保持着密切的社交关系	1	2	3	4	5
9. 我经常与我的好友进行沟通	1	2	3	4	5
10. 在有难处的时候，家庭成员都会尽最大努力相互支持	1	2	3	4	5
11. 家庭成员都很主动向家里其他人谈自己的心里话	1	2	3	4	5
12. 我与家庭成员的联系交流频繁	1	2	3	4	5
13. 当我想获得家庭成员信息时，都能很快获得	1	2	3	4	5
14. 政府在促进生活垃圾分类方面有明确的政令法规（如《中华人民共和国固体废物污染环境防治法》）	1	2	3	4	5
15. 政府在生活垃圾分类方面有管理规定（如《生活垃圾分类制度实施方案》）	1	2	3	4	5
16. 回收生活废旧物品的经济收益促使我回收家电产品	1	2	3	4	5

1 = 非常不符合；2 = 比较不符合；3 = 不确定；4 = 比较符合；5 = 非常符合					
17. 政府在节能产品方面的补贴促使我购买节能产品	1	2	3	4	5
18. 我通过多途径（广播、电视、报纸、手册等）获得有关环保的信息	1	2	3	4	5
19. 宣传教育使我认识到对生活垃圾进行分类的重要性	1	2	3	4	5
20. 废品回收网点有很多	1	2	3	4	5
21. 销售节能家电产品的商场和网点有很多	1	2	3	4	5
22. 我在村里求助，村里人会帮我找问题原因	1	2	3	4	5
23. 我在村里求助，村里人会给我提供解决问题的信息	1	2	3	4	5
24. 我在村里求助，村里人愿意倾听我的感受	1	2	3	4	5
25. 我在村里求助，村里人表示关心	1	2	3	4	5

E01 您在生活中实施亲环境行为（如垃圾分类、节能等）的目的是（   ）。（按重要性程度排序选择您认为最重要的 4 项）

①经济（增加收入、减少开支）   ②健康 ③安全 ④环保 ⑤村庄干净、整洁

E02 对于生活垃圾分类，您认为最需要政府在哪方面的支持（   ）。（按重要程度排序选择您最需要的 4 项）

①村里配备分类投放垃圾箱 ②提供厨余垃圾的堆肥技术指导 ③提供有害垃圾的集中处置设施 ④在村级设置可回收垃圾的回收网点 ⑤提供生活垃圾分类知识培训 ⑥配备生活垃圾分类指导和监督人员 ⑦配备垃圾分类转运车

E03 对于生活垃圾分类，您面临的最主要困难有哪些（   ）。（按重要程度排序选择您认为最困难的 4 项）

①缺乏垃圾分类投放设施 ②缺乏垃圾分类知识 ③分类投放的危险垃圾村里不能及时处理 ④全国垃圾分类标准不统一，目前没有农村垃圾分类的统一标准 ⑤缺乏专门的垃圾分类转运车 ⑥缺乏垃圾分类指导和监督人员

本问卷到此结束，我们再次表示衷心的感谢！

主要参考文献

一 著作

［美］菲利普·科特勒、凯文·莱恩·凯勒、卢泰宏：《营销管理》，卢泰宏、高辉译，中国人民大学出版社 2009 年版。

费孝通：《乡土中国》，上海人民出版社 2019 年版。

黄祖辉：《谁是农业结构调整的主体？——农户行为及决策分析》，中国农业出版社 2005 年版。

滕玉华：《农村居民节能行为形成机理与节能激励政策研究》，经济管理出版社 2020 年版。

肖旭：《社会心理学》，电子科技大学出版社 2013 年版。

［英］休谟：《道德原则研究》，曾晓平译，商务印书馆 2001 年版。

二 期刊

蔡亚庆、仇焕广、王金霞等：《我国农村户用沼气使用效率及其影响因素研究——基于全国五省调研的实证分析》，《中国软科学》2012 年第 8 期。

宾幕容、文孔亮、周发明：《湖区农户畜禽养殖废弃物资源化利用意愿和行为分析——以洞庭湖生态经济区为例》，《经济地理》2017 年第 9 期。

陈凯、李华晶、郭芬：《消费者绿色出行的心理因素分析》，《华东经济管理》2014 年第 6 期。

陈凯、赵占波：《绿色消费态度——行为差距的二阶段分析及研究展望》，《经济与管理》2015 年第 1 期。

陈志霞、吴豪：《内在动机及其前因变量》，《心理科学进展》2008 年第

1 期。

董梅、徐璋勇：《农户太阳能热利用及能源消费的影响因素——基于陕西省 1303 份调查数据分析》，《湖南农业大学学报》（社会科学版）2017 年第 6 期。

杜运周、贾良定：《组态视角与定性比较分析（QCA）：管理学研究的一条新道路》，《管理世界》2017 年第 6 期。

杜运周、刘秋辰、程建青：《什么样的营商环境生态产生城市高创业活跃度？——基于制度组态的分析》，《管理世界》2020 年第 9 期。

樊丽明、郭琪：《公众节能行为的税收调节研究》，《财贸经济》2007 年第 7 期。

付汉良、牛佳晨、刘浪：《城市居民再生水回用行为引导政策作用效果实证研究》，《干旱区资源与环境》2021 年第 2 期。

高名姿、张雷、陈东平：《差序治理、熟人社会与农地确权矛盾化解——基于江苏省 695 份调查问卷和典型案例的分析》，《中国农村观察》2015 年第 6 期。

盖豪、颜廷武、张俊飚：《感知价值、政府规制与农户秸秆机械化持续还田行为——基于冀、皖、鄂三省 1288 份农户调查数据的实证分析》，《中国农村经济》2020 年第 8 期。

龚思羽、盛光华、王丽童：《中国文化背景下代际传承对绿色消费行为的作用机制研究》，《南京工业大学学报》（社会科学版）2020 年第 4 期。

龚文娟：《当代城市居民环境友好行为之性别差异分析》，《中国地质大学学报》（社会科学版）2008 年第 6 期。

顾海娥：《中国居民环境行为的城乡差异及其影响因素——基于 2013 年 CGSS 数据的分析》，《河北学刊》2021 年第 2 期。

郭豪杰、张薇、郑兆峰等：《农户亲环境行为动机拥挤效应检验——来自云南省 1050 份农户调研证据》，《干旱区资源与环境》2021 年第 4 期。

郭利京、赵瑾：《非正式制度与农户亲环境行为——以农户秸秆处理行为为例》，《中国人口·资源与环境》2014 年第 11 期。

郭苹苹、辛自强：《经济态度和行为的代际传递现象及机制》，《心理科学进展》2020 年第 7 期。

郭琪、樊丽明：《城市家庭节能措施选择偏好的联合分析——对山东省济南市居民的抽样调查》,《中国人口·资源与环境》2007 年第 3 期。

郭清卉、李昊、李世平等:《个人规范对农户亲环境行为的影响分析——基于拓展的规范激活理论框架》,《长江流域资源与环境》2019 年第 5 期。

郭清卉、李昊、李世平等:《社会规范、个人规范与土壤污染防治——来自农户微观数据的证据》,《干旱区资源与环境》2020 年第 11 期。

郭清卉、李世平、南灵:《环境素养视角下的农户亲环境行为》,《资源科学》2020 年第 5 期。

郭清卉、李世平、李昊:《描述性和命令性社会规范对农户亲环境行为的影响》,《中国农业大学学报》2022 年第 1 期。

贺爱忠、戴志利:《农村消费者生态心理意识对生态消费影响的实证分析》,《中国农村经济》2009 年第 12 期。

贺爱忠、杜静、陈美丽:《零售企业绿色认知和绿色情感对绿色行为的影响机理》,《中国软科学》2013 年第 4 期。

贺爱忠、李韬武、盖延涛:《城市居民低碳利益关注和低碳责任意识对低碳消费的影响——基于多群组结构方程模型的东、中、西部差异分析》,《中国软科学》2011 年第 8 期。

贺爱忠、刘梦琳:《生态价值观对可持续消费行为的链式中介影响》,《西安交通大学学报》(社会科学版)2021 年第 1 期。

何佳讯:《消费行为代际影响与品牌资产传承研究述评》,《外国经济与管理》2007 年第 5 期。

何可、张俊飚:《农业废弃物资源化的生态价值——基于新生代农民与上一代农民支付意愿的比较分析》,《中国农村经济》2014 年第 5 期。

何可、张俊飚、张露等:《人际信任、制度信任与农民环境治理参与意愿——以农业废弃物资源化为例》,《管理世界》2015 年第 5 期。

何学欢、胡东滨、粟路军:《境外旅游者环境责任行为研究进展及启示》,《旅游学刊》2017 年第 9 期。

胡浩、张晖、岳丹萍:《规模养猪户采纳沼气技术的影响因素分析——基于对江苏 121 个规模养猪户的实证研究》,《中国沼气》2008 年第 5 期。

黄晓慧、王礼力、陆迁:《农户水土保持技术采用行为研究——基于黄土高原 1152 户农户的调查数据》,《西北农林科技大学学报》(社会科学版）2019 年第 2 期。

黄炎忠、罗小锋、余威震等：《农村居民绿色生活方式参与及影响因素分析》，《干旱区资源与环境》2020 年第 3 期。

黄炎忠、罗小锋、闫阿倩：《不同奖惩方式对农村居民生活垃圾集中处理行为与效果的影响》，《干旱区资源与环境》2021 年第 2 期。

黄祖辉、钟颖琦、王晓莉：《不同政策对农户农药施用行为的影响》，《中国人口·资源与环境》2016 年第 8 期。

纪芳：《关系性面子、村庄弱公共性与分利秩序——基于京郊 Q 村的经验调查》，《兰州学刊》2021 年第 3 期。

贾亚娟、赵敏娟：《农户生活垃圾分类处理意愿及行为研究——基于陕西试点与非试点地区的比较》，《干旱区资源与环境》2020 年第 5 期。

劳可夫：《消费者创新性对绿色消费行为的影响机制研究》，《南开管理评论》2013 年第 4 期。

李成龙、张倩、周宏：《社会规范、经济激励与农户农药包装废弃物回收行为》，《南京农业大学学报》（社会科学版）2021 年第 1 期。

李冬青、侯玲玲、闵师等：《农村人居环境整治效果评估——基于全国 7 省农户面板数据的实证研究》，《管理世界》2021 年第 10 期。

李芬妮、张俊飚、何可：《农户外出务工、村庄认同对其参与人居环境整治的影响》，《中国人口·资源与环境》2020 年第 12 期。

李世财、刘长进、滕玉华：《农村居民住宅节能投资行为发生机制研究》，《江西财经大学学报》2020 年第 2 期。

李文欢、王桂霞：《社会资本对农户养殖废弃物资源化利用技术采纳行为的影响——兼论环境规制政策的调节作用》，《农林经济管理学报》2021 年第 2 期。

李文欢、王桂霞、栾申洲：《参照群体、感知价值对养殖户环保投资行为的影响》，《湖南农业大学学报》（社会科学版）2021 年第 2 期。

李亚萍、刘秀霜、王萍等：《生态脆弱区农民环境意识与行为研究——以山东省典型盐渍化区为例》，《地域研究与开发》2019 年第 4 期。

廖冰：《农户家庭生计资本、人居环境整治付费认知与人居环境整治付费行为——以江西省 873 个农户为例》，《农林经济管理学报》2021 年第 5 期。

廖茂林：《社区融合对北京市居民生活垃圾分类行为的影响机制研究》，《中国人口·资源与环境》2020 年第 5 期。

梁敏、王帅、张莹等：《农村居民幸福感与绿色炊事能源消费选择——基于中国家庭追踪调查数据的实证分析》，《中国农业资源与区划》2021 年第 9 期。

刘长进、滕玉华、张轶之：《农村居民清洁能源应用意愿与行为一致性分析——基于江西省的调查数据》，《湖南农业大学学报》（社会科学版）2017 年第 6 期。

刘文兴、汪兴东、陈昭玖：《农村居民生态消费意识与行为的一致性研究——基于江西生态文明先行示范区的调查》，《农业经济问题》2017 年第 9 期。

刘莹、黄季焜：《农村环境可持续发展的实证分析：以农户有机垃圾还田为例》，《农业技术经济》2013 年第 7 期。

刘余、朱红根、张利民：《信息干预可以提高农村居民生活垃圾分类效果吗——来自太湖流域农户行为实验的证据》，《农业技术经济》2021 年。

芦慧、陈振：《我国从业者亲环境行为的内涵、结构与现状——基于双继承理论》，《中国矿业大学学报》（社会科学版）2020 年第 3 期。

芦慧、刘霞、陈红：《企业员工亲环境行为的内涵、结构与测量研究》，《软科学》2016 年第 8 期。

芦慧、刘严、邹佳星等：《多重动机对中国居民亲环境行为的交互影响》，《中国人口·资源与环境》2020 年第 11 期。

芦慧、邹佳星、陈红：《组织亲环境价值观及其对员工亲环境行为的影响研究》，《管理评论》2021 年第 4 期。

卢少云、孙珠峰：《大众传媒与公众环保行为研究——基于中国 CGSS2013 数据的实证分析》，《干旱区资源与环境》2018 年第 1 期。

吕荣胜、卢会宁、洪帅：《基于规范激活理论节能行为影响因素研究》，《干旱区资源与环境》2016 年第 9 期。

吕荣胜、李梦楠、洪帅：《基于计划行为理论城市居民节能行为影响机制研究》，《干旱区资源与环境》2016 年第 12 期。

芈凌云、顾曼、杨洁等：《城市居民能源消费行为低碳化的心理动因——以江苏省徐州市为例》，《资源科学》2016 年第 4 期。

芈凌云、杨洁：《中国居民生活节能引导政策的效力与效果评估——基于中国1996—2015年政策文本的量化分析》，《资源科学》2017年第4期。

牛善栋、吕晓、谷国政：《感知利益对农户黑土地保护行为决策的影响研究——以"梨树模式"为例》，《中国土地科学》2021年第9期。

潘明明：《环境新闻报道促进农村居民垃圾分类了嘛？——基于豫、鄂、皖三省调研数据的实证研究》，《干旱区资源与环境》2021年第1期。

彭远春：《城市居民环境行为的结构制约》，《社会学评论》2013年第4期。

彭远春：《城市居民环境认知对环境行为的影响分析》，《中南大学学报》（社会科学版）2015年第3期。

漆军、朱利群、陈利根、李群：《苏、浙、皖农户秸秆处理行为分析》，《资源科学》2016年第6期。

钱龙、钱文荣：《社会资本影响农户土地流转行为吗？——基于CFPS的实证检验》，《南京农业大学学报》（社会科学版）2017年第5期。

秦敏、李若男：《在线用户社区用户贡献行为形成机制研究：在线社会支持和自我决定理论视角》，《管理评论》2020年第9期。

青平、向微露、张莹：《中国文化背景下父辈影响子辈绿色产品购买态度的社会化机制研究》，《中国人口·资源与环境》2013年第2期。

仇焕广、严健标、江颖等：《中国农村可再生能源消费现状及影响因素分析》，《北京理工大学学报》（社会科学版）2015年第3期。

曲朦、赵凯：《家庭社会经济地位对农户环境友好型生产行为的影响》，《西北农林科技大学学报》（社会科学版）2020年第3期。

全世文、刘媛媛：《农业废弃物资源化利用：补偿方式会影响补偿标准吗?》，《中国农村经济》2017年第4期。

尚燕、颜廷武、江鑫等：《公共信任对农户生产行为绿色化转变的影响——以秸秆资源化利用为例》，《中国农业大学学报》2020年第4期。

沈昱雯、罗小锋、余威震：《激励与约束如何影响农户生物农药施用行为——兼论约束措施的调节作用》，《长江流域资源与环境》2021年第4期。

申静、渠美、郑东晖等：《农户对生活垃圾源头分类处理的行为研究——

基于 TPB 和 NAM 整合框架》，《干旱区资源与环境》2020 年第 7 期。

盛光华、林政男：《消费者绿色创新消费行为意向驱动机制研究》，《南京工业大学学报》（社会科学版）2019 年第 4 期。

盛光华、戴佳彤、龚思羽：《空气质量对中国居民亲环境行为的影响机制研究》，《西安交通大学学报》（社会科学版）2020 年第 2 期。

盛光华、王丽童、车思雨：《人与自然和谐共生视角下自然共情对亲环境行为的影响》，《西安交通大学学报》（社会科学版）2021 年第 1 期。

石志恒、晋荣荣、慕宏杰等：《基于媒介教育功能视角下农民亲环境行为研究——环境知识、价值观的中介效应分析》，《干旱区资源与环境》2018 年第 10 期。

石志恒、张衡：《基于扩展价值—信念—规范理论的农户绿色生产行为研究》，《干旱区资源与环境》2020 年第 8 期。

宋佳萌、范会勇：《社会支持与主观幸福感关系的元分析》，《心理科学进展》2013 年第 8 期。

孙前路、房可欣、刘天平：《社会规范、社会监督对农村人居环境整治参与意愿与行为的影响——基于广义连续比模型的实证分析》，《资源科学》2020 年第 12 期。

孙岩：《家庭异质性因素对城市居民能源使用行为的影响》，《北京理工大学学报》（社会科学版）2013 年第 5 期。

孙岩、武春友：《环境行为理论研究评述》，《科研管理》2007 年第 3 期。

孙剑、李锦锦、杨晓茹：《消费者为何言行不一：绿色消费行为阻碍因素探究》，《华中农业大学学报》（社会科学版）2015 年第 5 期。

谭海波、范梓腾、杜运周：《技术管理能力、注意力分配与地方政府网站建设——一项基于 TOE 框架的组态分析》，《管理世界》2019 年第 9 期。

唐林、罗小锋、黄炎忠等：《主动参与还是被动选择：农户村域环境治理参与行为及效果差异分析》，《长江流域资源与环境》2019 年第 7 期。

唐林、罗小锋、张俊飚：《环境政策与农户环境行为：行政约束抑或是经济激励——基于鄂、赣、浙三省农户调研数据的考察》，《中国人口·资源与环境》2021 年第 6 期。

滕玉华、刘长进、陈燕等：《基于结构方程模型的农户清洁能源应用行为决策研究》,《中国人口·资源与环境》2017 年第 9 期。

滕玉华、张轶之、刘长进:《基于 ISM 的农村居民能源削减行为影响因素研究》,《干旱区资源与环境》2020 年第 3 期。

滕玉华、陈丹妮、饶华:《节能意识与农村居民日常间接节能行为的一致性研究》,《生态经济》2021 年第 8 期。

滕玉华、范世晶、邓慧等:《农村居民"公"、"私"领域节能行为一致性研究》,《干旱区资源与环境》2021 年第 8 期。

汪兴东、周水平、杨蓉:《太阳能热水器采纳意愿影响因素研究——基于江西 972 个样本的调查》,《企业经济》2017 年第 11 期。

汪兴东、景奉杰:《城市居民低碳购买行为模型研究——基于五个城市的调研数据》,《中国人口·资源与环境》2012 年第 2 期。

王东旭:《洱海湖滨区农民环境意识调查——以大理市龙下登村为例》,《中国人口·资源与环境》2018 年第 2 期。

王国猛、黎建新、廖水香等:《环境价值观与消费者绿色购买行为——环境态度的中介作用研究》,《大连理工大学学报》(社会科学版)2010 年第 4 期。

王火根、李娜:《农户新能源技术应用行为及其影响因素分析》,《湖南农业大学学报》(社会科学版)2016 年第 5 期。

王建国、杜伟强:《基于行为推理理论的绿色消费行为实证研究》,《大连理工大学学报》(社会科学版)2016 年第 2 期。

王建华、沈旻旻、朱淀:《环境综合治理背景下农村居民亲环境行为研究》,《中国人口·资源与环境》2020 年第 7 期。

王建华、钭露露:《多维度环境认知对消费者环境友好行为的影响》,《南京工业大学学报》(社会科学版)2021 年第 3 期。

王建华、钭露露:《面子意识对民众公领域环境行为影响因素研究》,《江苏社会科学》2021 年第 3 期。

王建华、钭露露、王缘:《环境规制政策情境下农业市场化对畜禽养殖废弃物资源化处理行为的影响分析》,《中国农村经济》2021 年第 1 期。

王建明:《消费者为什么选择循环行为——城市消费者循环行为影响因素的实证研究》,《中国工业经济》2007 年第 10 期。

王建明:《资源节约意识对资源节约行为的影响——中国文化背景下一个

交互效应和调节效应模型》,《管理世界》2013 年第 8 期。

王建明:《环境情感的维度结构及其对消费碳减排行为的影响——情感—行为的双因素理论假说及其验证》,《管理世界》2015 年第 12 期。

王建明、贺爱忠:《消费者低碳消费行为的心理归因和政策干预路径:一个基于扎根理论的探索性研究》,《南开管理评论》2011 年第 4 期。

王建明、王俊豪:《公众低碳消费模式的影响因素模型与政府管制政策——基于扎根理论的一个探索性研究》,《管理世界》2011 年第 4 期。

王建明、王丛丛:《消费者亲环境行为的影响因素和干预策略——发达国家的相关文献述评》,《管理现代化》2015 年第 2 期。

王建明、吴龙昌:《亲环境行为研究中情感的类别、维度及其作用机理》,《心理科学进展》2015 年第 12 期。

王金霞、李玉敏、白军飞等:《农村生活固体垃圾的排放特征、处理现状与管理》,《农业环境与发展》2011 年第 2 期。

王洪韬、郭翔宇:《感知利益、社会网络与农户耕地质量保护行为——基于河南省滑县 410 个粮食种植户调查数据》,《中国土地科学》2020 年第 7 期。

王世进、周慧颖:《环境价值观影响生态消费行为——基于中介变量的实证检验》,《软科学》2019 年第 10 期。

王太祥、滕晨光、张朝辉:《非正式社会支持、环境规制与农户地膜回收行为》,《干旱区资源与环境》2020 年第 8 期。

王晓楠:《"公"与"私":中国城市居民环境行为逻辑》,《福建论坛》(人文社会科学版)2018 年第 6 期。

王学婷、张俊飚、何可等:《社会信任、群体规范对农户生态自觉性的影响》,《农业现代化研究》2019 年第 2 期。

王瑛、李世平、谢凯宁:《农户生活垃圾分类处理行为影响因素研究——基于卢因行为模型》,《生态经济》2020 年第 1 期。

王玉君、韩冬临:《经济发展、环境污染与公众环保行为——基于中国 CGSS2013 数据的多层分析》,《中国人民大学学报》2016 年第 2 期。

韦庆旺、孙健敏:《对环保行为的心理学解读——规范焦点理论述评》,《心理科学进展》2013 年第 4 期。

温忠麟、张雷、侯杰泰等:《中介效应检验程序及其应用》,《心理学报》

2004 年第 5 期。

温忠麟、叶宝娟：《有调节的中介模型检验方法：竞争还是替补?》，《心理学报》2014 年第 5 期。

问锦尚、张越、方向明：《"源头分类"视角下农村生活垃圾治理的有效路径——基于全国五省的调查分析》，《农村经济》2021 年第 3 期。

吴刚、房斌、魏一鸣：《北京市居民消费行为和节能意识调查分析》，《中国能源》2011 年第 4 期。

吴雪莲、张俊飚、何可等：《农户水稻秸秆还田技术采纳意愿及其驱动路径分析》，《资源科学》2016 年第 11 期。

武春友、孙岩：《环境态度与环境行为及其关系研究的进展》，《预测》2006 年第 4 期。

伍亚、张立：《阶梯电价政策的居民节能意愿与节能效果评估——基于广东案例的研究》，《财经论丛》2015 年第 9 期。

熊小明、黄静、郭昱琅：《"利他"还是"利己"? 绿色产品的诉求方式对消费者购买意愿的影响研究》，《生态经济》2015 年第 6 期。

徐岚、崔楠、熊晓琴：《父辈品牌代际影响中的消费者社会化机制》，《管理世界》2010 年第 4 期。

徐林、凌卯亮：《垃圾分类政策对居民的节电行为有溢出效应吗?》，《行政论坛》2017 年第 5 期。

徐林、凌卯亮：《居民垃圾分类行为干预政策的溢出效应分析——一个田野准实验研究》，《浙江社会科学》2019 年第 11 期。

徐林、凌卯亮、卢昱杰：《城市居民垃圾分类的影响因素研究》，《公共管理学报》2017 年第 1 期。

徐志刚、张炯、仇焕广：《声誉诉求对农户亲环境行为的影响研究——以家禽养殖户污染物处理方式选择为例》，《中国人口·资源与环境》2016 年第 10 期。

薛彩霞、李桦：《环境知识与农户亲环境行为——基于环境能力中介作用与社会规范调节效应的分析》，《科技管理研究》2021 年第 22 期。

颜廷武、张童朝、何可等：《作物秸秆还田利用的农民决策行为研究——基于皖鲁等七省的调查》，《农业经济问题》2017 年第 4 期。

杨德锋、李清、赵平等：《商店情感、面子意识与零售商自有品牌购买意愿的关系研究》，《财贸经济》2012 年第 8 期。

杨君茹、王宇：《基于计划行为理论的城镇居民家庭节能行为研究》，《财经论丛》2018 年第 5 期。

杨建州、高敏珲、张平海等：《农业农村节能减排技术选择影响因素的实证分析》，《中国农学通报》2009 年第 23 期。

杨冉冉、龙如银：《国外绿色出行政策对我国的启示和借鉴》，《环境保护》2013 年第 19 期。

叶光辉：《华人孝道双元模型的回顾与前瞻》，《本土心理学研究》2009 年第 32 期。

于春玲、朱晓冬、王霞等：《面子意识与绿色产品购买意向——使用情境和价格相对水平的调节作用》，《管理评论》2019 年第 11 期。

于伟：《消费者绿色消费行为形成机理分析——基于群体压力和环境认知的视角》，《消费经济》2009 年第 4 期。

曾鸣、李娜、刘超：《基于效用函数的居民阶梯电价方案的节电效果评估》，《华东电力》2011 年第 8 期。

张翠娟、白凯：《面子需要对旅游者不当行为的影响研究》，《旅游学刊》2015 年第 12 期。

张剑、宋亚辉、刘肖：《削弱效应是否存在：工作场所中内外动机的关系》，《心理学报》2016 年第 1 期。

张蕾、蔡志坚、胡国珠：《农村居民低碳消费行为意向分析——基于计划行为理论》，《经济与管理》2015 年第 5 期。

张淑娴、陈美球、谢贤鑫等：《生态认知、信息传递与农户生态耕种采纳行为》，《中国土地科学》2018 年第 8 期。

张明、杜运周：《组织与管理研究中 QCA 方法的应用：定位、策略和方向》，《管理学报》2019 年第 9 期。

张薇薇、蒋雪：《在线健康社区用户参与行为的影响因素研究综述》，《图书情报工作》2020 年第 4 期。

张晓杰、靳慧蓉、娄成武：《规范激活理论：公众环保行为的有效预测模型》，《东北大学学报》（社会科学版）2016 年第 6 期。

张毅祥、王兆华：《基于计划行为理论的节能意愿影响因素——以知识型员工为例》，《北京理工大学学报》（社会科学版）2012 年第 6 期。

张轶之、刘长进、滕玉华：《异质性节能情感对农村居民节能行为的影响研究》，《生态经济》2020 年第 7 期。

张郁、万心雨：《个体规范、社会规范对城市居民垃圾分类的影响研究》，《长江流域资源与环境》2021 年第 7 期。

赵连杰、南灵、李晓庆等：《环境公平感知、社会信任与农户低碳生产行为——以农膜、秸秆处理为例》，《中国农业资源与区划》2019 年第 12 期。

赵秋倩、夏显力：《社会规范何以影响农户农药减量化施用——基于道德责任感中介效应与社会经济地位差异的调节效应分析》，《农业技术经济》2020 年第 10 期。

赵艺华、周宏：《社会信任、奖惩政策能促进农户参与农药包装废弃物回收吗?》，《干旱区资源与环境》2021 年第 4 期。

郑军：《我国农村沼气国债项目：政策特征、政策绩效与政策优化》，《农业经济问题》2012 年第 7 期。

周曙东、崔奇峰、王翠翠：《江苏和吉林农村家庭能源消费差异及影响因素分析》，《生态与农村环境学报》2009 年第 3 期。

朱润、何可、张俊飚：《环境规制如何影响规模养猪户的生猪粪便资源化利用决策——基于规模养猪户感知视角》，《中国农村观察》2021 年第 6 期。

邹秀清、武婷燕、徐国良等：《乡村社会资本与农户宅基地退出——基于江西省余江区 522 户农户样本》，《中国土地科学》2020 年第 5 期。

左孝凡、康孟媛、陆继霞：《社会互动、互联网使用对农村居民生活垃圾分类意愿的影响》，《资源科学》2022 年第 1 版。

论文

陈飞宇：《城市居民垃圾分类行为驱动机理及政策仿真研究》，博士学位论文，中国矿业大学，2018 年。

陈利顺：《城市居民能源消费行为研究》，博士学位论文，大连理工大学，2009 年。

Chen Jun：《城镇居民节能意识和节能行为研究》，硕士学位论文，浙江大学，2018 年。

初浩楠：《中国文化环境下企业人际信任及其对知识共享的影响研究》，博士学位论文，华中科技大学，2008 年。

郭琪：《公众节能行为的经济分析及政策引导研究》，博士学位论文，山东大学，2007 年。

郭清卉：《基于社会规范和个人规范的农户亲环境行为研究》，博士学位论文，西北农林科技大学，2020 年。

何可：《农业废弃物资源化的价值评估及其生态补偿机制研究》，博士学位论文，华中农业大学，2016 年。

贾亚娟：《社会资本、环境关心与农户参与生活垃圾分类治理的选择偏好研究》，博士学位论文，西北农林科技大学，2021 年。

蒋婷婷：《我国城乡居民亲环境行为差异研究》，博士学位论文，浙江农林大学，2019 年。

李昊：《内部动机视角下蔬菜种植户环境保护行为研究》，博士学位论文，西北农林科技大学，2018 年。

李献士：《政策工具对消费者环境行为作用机理研究》，博士学位论文，北京理工大学，2016 年。

凌卯亮：《居民环保行为溢出效应的内在机理与影响因素研究》，博士学位论文，浙江大学，2020 年。

芈凌云：《城市居民低碳化能源消费行为及政策引导研究》，博士学位论文，中国矿业大学，2011 年。

彭新宇：《畜禽养殖污染防治的沼气技术采纳行为及绿色补贴政策研究》，博士学位论文，中国农业科学院，2007 年。

曲英：《城市居民生活垃圾源头分类行为研究》，博士学位论文，山东大学，2007 年。

史海霞：《我国城市居民 PM2.5 减排行为影响因素及政策干预研究》，博士学位论文，中国科学技术大学，2017 年。

孙慧波：《中国农村人居环境公共服务供给效果及优化路径研究》，博士学位论文，中国农业大学，2018 年。

孙岩：《居民环境行为及其影响因素研究》，博士学位论文，大连理工大学，2006 年。

汪秀芬：《农户亲环境行为的影响因素研究》，博士学位论文，中南财经政法大学，2019 年。

王晓婧：《基于印象管理的汉语机构话语交际面子研究》，博士学位论文，东北师范大学，2015 年。

吴建宏：《基于社会均衡的居民阶梯电价定价模型及政策模拟研究》，博士学位论文，华北电力大学，2013 年。

吴建兴：《社会互动、面子与旅游者环境责任行为研究》，博士学位论文，浙江大学，2019 年。

吴璟：《社会网络、感知价值与农户耕地质量保护行为研究》，博士学位论文，西北农林科技大学，2021 年。

郗玉娟：《组织社会资本、知识创造与动态能力关系研究》，博士学位论文，吉林大学，2020 年。

颜雅琴：《农村留守儿童孝道态度及其相关因素研究》，博士学位论文，武汉大学，2017 年。

么桂杰：《儒家价值观、个人责任感对中国居民环保行为的影响研究》，博士学位论文，北京理工大学，2014 年。

杨柳：《社会信任、组织支持对农户参与农田灌溉系统治理绩效的影响研究》，博士学位论文，西北农林科技大学，2018 年。

杨冉冉：《城市居民绿色出行行为的驱动机理与政策研究》，博士学位论文，中国矿业大学，2016 年。

杨树：《中国城市居民节能行为及节能消费激励政策影响研究》，博士学位论文，中国科学技术大学，2015 年。

岳婷：《城市居民节能行为影响因素及引导政策研究》，博士学位论文，中国矿业大学，2014 年。

张郁：《环境风险感知、环境规制与环境行为关系的实证研究》，博士学位论文，华中农业大学，2016 年。

四 外文

Abrahamse, W. , Steg, L. , Vlek, C. , Rothengatter, T. , "A Review of Intervention Studies Aimed at Household Energy Conservation", *Journal of Environmental Psychology*, Vol. 25, No. 3, 2005, pp. 273 – 291.

Ahmed, Q. I. , Lu, H. , Ye, S. , "Urban Transportation and Equity: A Case

Study of Beijing and Karachi", *Transportation Research Part A: Policy and Practice*, *Vol.* 42, No. 1, 2008, pp. 125 – 139.

Ajzen, I., "The Theory of Planned Behavior", *Organizational Behavior and Human Decision Processes*, Vol. 50, No. 2, 1991, pp. 179 – 211.

Alibeli, M. A., Johnson, C., "Environmental Concern: A Cross National Analysis", *Journal of International and Cross – Culture Studies*, Vol. 3, No. 1, 2009, pp. 1 – 10.

Antonetti, P. and Maklan, S., "Feelings That Make a Difference: How Guilt and Pride Convince Consumers of the Effectiveness of Sustainable Consumption Choices", *Journal of Business Ethics*, Vol. 124, No. 1, 2014, pp. 117 – 134.

Ao, Y. and Zhu, H., eds., "Identifying the Driving Factors of Rural Residents' Household Waste Classification Behavior: Evidence from Sichuan, China", *Resources, Conservation and Recycling*, Vol. 180, 2022.

Arcury, T. A., Johnson, T. P., Scollay, S. J., "Ecological Worldview and Environmental Knowledge: The New Environmental Paradigm", *The Journal of Environmental Education*, Vol. 17, No. 4, 1986, pp. 35 – 40.

Arcury, T. A., Christianson, E. H., "Environmental Worldview in Response to Environmental Problems: Kentucky 1984 and 1988 Compared", *Environment and Behavior*, Vol. 22, No. 3, 1990, pp. 387 – 407.

Axelrod, L. J., Lehman, D. R., "Responding to Environmental Concern: What Factors Guide Individual Action?", *Journal of Environmental Psychology*, Vol. 13, No. 2, 1993, pp. 149 – 159.

Aydinalp, M., Ugursal, V. I., Fung, A. S., "Modeling of the Space and Domestic Hot – water Heating Energy – consumption in the Residential Sector Using Neural Networks", *Applied Energy*, Vol. 79, No. 2, 2004, pp. 159 – 178.

Bai, Y. and Liu, Y., "An Exploration of Residents' Low – carbon Awareness and Behavior in Tianjin, China", *Energy Policy*, Vol. 61, 2013, pp. 1261 – 1270.

Ballantine, P. W. and Stephenson, R. J., "Help Me, I'm Fat! Social Support in Online Weight Loss Networks", *Journal of Consumer Behavior*, Vol. 10,

No. 6, 2011, pp. 332 – 337.

Bamberg, S., Ajzen, I., Schmidt, P., "Choice of Travel Mode in the Theory of Planned Behavior: The Roles of Past Behavior, Habit, and Reasoned Action", *Basic and Applied Social Psychology*, Vol. 25, No. 3, 2003, pp. 175 – 187.

Bamberg, S. and Peter S., "Incentives, Morality, or Habit? Predicting Students' Car Use for University Routes with the Models of Ajzen, Schwartz, and Triandis", *Environment and Behavior*, Vol. 35, No. 2, 2003, pp. 264 – 285.

Bamberg, S. and Möser, G., "Twenty Years After Hines, Hungerford, and Tomera: A New Meta – analysis of Psycho – social Determinants of Pro – environmental Behaviour", *Journal of Environmental Psychology*, Vol. 27, No. 1, 2007, pp. 14 – 25.

Bamberg, S., Hunecke, M. and Blöbaum, A., "Social Context, Personal Norms and the Use of Public Transportation: Wwo Field Studies", *Journal of Environmental Psychology*, Vol. 27, No. 3, 2007, pp. 190 – 203.

Bandura, A., *Social Learning Theory*, New Jersey: Prentice – Hall, 1977.

Bandura, A., "Social Learning Theory of Aggression", *The Journal of communication*, Vol. 28, No. 3, 1978, pp. 12 – 29.

Baron, R. M. and Kenny, D. A., "The Moderator – mediator Distinction in Social Psychological Research: Conceptual, Strategic and Statistical Considerations", *Journal of Personality and Social Psychology*, Vol. 51, No. 6, 1986, pp. 1173 – 1182.

Barr, S., "Strategies for Sustainability: Citizens and Responsible Environmental Behaviour", *Area*, Vol. 35, No. 3, 2003, pp. 227 – 240.

Berkhout, P. H. G., Ferrer – i – Carbonell, A., Muskens, J. C., "The Ex Post Impact of an Energy Tax on Household Energy Demand", *Energy economics*, Vol. 26, No. 3, 2004, pp. 297 – 317.

Bernstad, A., "Household Food Waste Separation Behavior and the Importance of Convenience", *Waste Management*, Vol. 34, No. 7, 2014, pp. 1317 – 1323.

Bertrand, M., Karlan, D., Mullainathan, S., Shafir, E., Zinman, J., "What's Advertising Content Worth? Evidence from a Consumer Credit Marketing Field Experiment", *The Quarterly Journal of Economics*, Vol. 125,

No. 1, 2010, pp. 263 –306.

Bodur, M., Sarigollu, E., "Environmental Sensitivity in a Developing Country: Consumer Classification and Implication", *Environment and Behavior*, Vol. 37, No. 4, 2005, pp. 487 –510.

Bolino, M. C., "Citizenship and Impression Management: Good Soldiers or Good Actors?", *The Academy of Management Review*, Vol. 24, No. 1, 1999, pp. 82 –98.

Bortoleto, A. P., Kurisu, K. H., Hanak, K., "Model Development for Household Waste Prevention Behaviour", *Waste Management*, Vol. 32, No. 12, 2012, pp. 2195 –2207.

Brandon, G., Lewis, A., "Reducing Household Energy Consumption: A Qualitative and Quantitative Field Study", *Journal of Environmental Psychology*, Vol. 19, No. 1, 1999, pp. 75 –85.

Burgess, J., Harrison, C. M., Filius, P., "Environmental Communication and the Cultural Politics of Environmental Citizenship", *Environment and Planning A*, Vol. 30, No. 8, 1998, pp. 1445 –1460.

Cameron, T. A., "A Nested Logit Model of Energy Conservation Activity by Owners of Existing Single Family Dwellings", *The Review of Economics and Statistics*, Vol. 67, No. 2, 1985, pp. 205 –211.

Carrico, A. R. and Kaitlin T. R., eds., "Putting Your Money Where Your Mouth Is: An Experimental Test of Pro – environmental Spillover from Reducing Meat Consumption to Monetary Donations", *Environment and Behavior*, Vol. 50, No. 7, 2018, pp. 723 –748.

Carrus, G., Passafaro, P., and Bonnes, M., "Emotions, Habits and Rational Choices in Ecological Behaviours: The Case of Recycling and Use of Public Transportation", *Journal of Environmental Psychology*, Vol. 28, No. 1, 2008, pp. 51 –62.

Casaló, L. V., Escario, J. J., "Heterogeneity in the Association Between Environmental Attitudes and Pro – environmental Behavior A Multilevel Regression Approach", *Journal of Cleaner Production*, Vol. 175, 2018, pp. 155 –163.

Chen, F., Chen, H., Guo, D., "Analysis of Undesired Environmental Behavior among Chinese Undergraduates ", *Journal of Cleaner Production*, Vol. 162, No. 20, 2017, pp. 1239 – 1251.

Chen, H. , Chen, F. and Huang, X. , eds. , "Are Individuals' Environmental Behavior Always Consistent? – An Analysis Based on Spatial Difference", *Resources, Conservation and Recycling*, No. 125, 2017, pp. 25 – 36.

Chen, H. M. , Lin, C. W. , Hsieh, S. H. , Chao, H. F. , Chen, C. S. , Shiu, R. S. , Ye, S. R. , Deng, Y. C. , "Persuasive Feedback Model for Inducing Energy Conservation Behaviors of Building Users Based on Interaction with a Virtual Object", *Energy and Buildings*, Vol. 45, 2012, pp. 106 – 115.

Chen, K. , "Mass Communication and Pro – environmental Behavior: Waste Recycling in Hong Kong", *Journal of Environmental Management*, Vol. 52, No. 4, 1998, pp. 317 – 325.

Chen, M. F. , Tung, P. J. , "Developing an Extended Theory of Planned Behavior Model to Predict Consumers' Intention to Visit Green Hotels", *International Journal of Hospitality Management*, Vol. 36 , 2014, pp. 221 – 230.

Cheung, C. M. K. , Liu, I. L. B. , and Lee, M. K. O. , "How Online Social Interactions Influence Customer Information Contribution Behavior in Online Social Shopping Communities: A Social Learning Theory Perspective", *Journal of the Association for Information Science and Technology*, Vol. 66, No. 12, 2015, pp. 2511 – 2521.

Chua, Kean Boon and Farzana Quoquab eds. , "The Mediating Role of New Ecological Paradigm Between Value Orientations and Pro – environmental Personal Norm in the Agricultural Context", *Asia Pacific Journal of Marketing and Logistics*, Vol. 28, No. 2, 2016, pp. 323 – 349.

Cialdini, Robert B. and Raymond R. R. , eds. , "A Focus Theory of Normative Conduct: Recycling the Concept of Norms to Reduce Littering in Public Places", *Journal of Personality and Social Psychology*, Vol. 58, No. 6, 1990, pp. 1015 – 1026.

Cleveland, M. , Kalamas, M. , Laroche, M. , "Shades of Green: Linking Environmental Locus of Control and Pro – environmental Behaviors", *Journal of Consumer Marketing*, Vol. 22, No. 4, 2005, pp. 198 – 212.

Collado, S. , Staats, H. , Sancho, P. , "Normative Influences on Adolescents' Self – Reported Pro – environmental Behaviors: The Role of Parents and Friends", *Environment and Behavior*, Vol. 51, No. 3, 2019, pp. 288 – 314.

Cooke, S. J. , Vermaire, J. C. , "Environmental Studies and Environmental Science Today: Inevitable Mission Creep and Integration in Action – oriented Transdisciplinary Areas of Inquiry, Training and Practice", *Journal of Environmental Studies and Sciences*, Vol. 5, No. 1, 2015, pp. 70 – 78.

Corraliza, J. A. , Berenguer, J. , "Environmental Values, Beliefs, and Actions: a Situational Approach", *Environment and Behavior*, Vol. 32, No. 6, 2000, pp. 832 – 848.

Cristea, M. , Paran, F. , Delhomme, P. , "Extending the Theory of Planned Behavior: The Role of Behavioral Options and Additional Factors in Predicting Speed Behavior", *Transportation Research Part F: Traffic Psychology and Behaviour*, Vol. 21, 2013, pp. 122 – 132.

Curtis, F. , Simpson – Housley, P. , Drever, S. , "Household Energy Conservation", *Energy Policy*, Vol. 12, No. 4, 1984, pp. 452 – 456.

Deci, E. L. , Koestner, R. and Ryan, R. M. , "A Meta – analytic Review of Experiments Examining the Effects of Extrinsic Rewards on Intrinsic Motivation", *Psychological Bulletin*, Vol. 125, No. 6, 1999, pp. 627 – 668.

Deci, E. L. and Ryan, R. M. , "The 'What' and 'Why' of Goal Pursuits: Human Needs and the Self – determination of Behavior", *Psychological Inquiry*, Vol. 11, No. 4, 2000, pp. 227 – 268.

De Groot, J. I. M. and Steg, L. , "Morality and Prosocial Behavior: The Role of Awareness, Responsibility, and Norms in the Norm Activation Model", *The Journal of Social Psychology*, Vol. 149, No. 4, 2009, pp. 425 – 49.

De Groot, J. I. M. and Steg, L. , "Relationships Between Value Orientations, Self – determined Otivational Types and Pro – environmental Behavioural Intentions", *Journal of Environmental Psychology*, Vol. 30, No. 4, 2010, pp. 368 – 378.

De Groot, J. I. M. and Steg, L. , Keizer, M. , Farsang, A. , Watt, A. , "Environmental Values in Post – socialist Hungary: Is It Useful to Distinguish Egoistic, Altruistic and Biospheric Values?", *Sociologicky Casopis*, Vol. 48, No. 3, 2012, pp. 421.

Ding, Z. and Wang, G., Liu, Z. and Long, R., "Research on Differences in the Factors Influencing the Energy – saving Behavior of Urban and Rural Residents in China – A Case Study of Jiangsu Province", *Energy Policy*, Vol. 100, 2017, pp. 252 – 259.

Dunlap, Riley E. eds., "New Trends in Measuring Environmental Attitudes: MeAsuring Endorsement of the New Ecological Paradigm: A Revised NEP Scale", *Journal of Social Issues*, Vol. 56, No. 3, 2000, pp. 425 – 442.

Egmond, C., Jonker, R., Kok, G., "A Strategy to Encourage Housing Associations to Invest in Energy Conservation", *Energy Policy*, Vol. 33, No. 18, 2005, pp. 2374 – 2384.

Evans, L. and Maio, G. R. and Corner, A., eds., "Self – interest and Pro – environmental Behaviour", *Nature Climate Change*, Vol. 3, No. 2, 2013, pp. 122 – 125.

Fan, B., Yang, W. and Shen, X., "A Comparison Study of 'Motivation – intention – behavior' Model on Household Solid Waste Sorting in China and Singapore", *Journal of Cleaner Production*, Vol. 221, 2018, pp. 442 – 454.

Fiss, P. C., "Building Better Causal Theories: A Fuzzy Set Approach to Typologies in Organization Research", *Academy of Management Journal*, Vol. 54, No. 54, 2011, pp. 393 – 420.

Folke ölander and John Thøgersen, "Understanding of Consumer Behaviour as a Prerequisite for Environmental Protection", *Journal of Consumer Policy*, Vol. 18, No. 4, 1995, pp. 345 – 385.

Franzen, A., Meyer, R., "Environmental Attitudes in Cross – national Perspective: A Multilevel Analysis of the ISSP 1993 and 2000", *European Sociological Review*, Vol. 26, No. 2, 2010, pp. 219 – 234.

Gadenne, D., Sharma, B., Kerr, D. and Smith, T., "The Influence of Consumers' Environmental Beliefs and Attitudes on Energy Saving Behaviors", *Energy Policy*, Vol. 39, No. 12, 2011, pp. 7684 – 7694.

Gao, L., Wang, S. and Li, J., eds., "Application of the Extended Theory of

Planned Behavior to Understand Individual's Energy Saving Behavior in Workplaces", *Resources, Conservation and Recycling*, No. 127, 2017, pp. 107 - 113.

Gamba, R., Oskamp, S., "Factors Influencing Community Residents' Participation in Commingled Curbside Recycling Programs", *Environment and Behavior*, Vol. 26, No. 5, 1994, pp. 587 - 612.

Gärling, T., Fujii, S., Gärling, A., and Jakobsson, C., "Moderating Effects of Social Value Orientation on Determinants of Pro - environmental Behavior Intention", *Journal of Environmental Psychology*, Vol. 23, No. 1, 2003, pp. 1 - 9.

Geng, J., Long R. and Chen, H., eds., "Exploring the Motivation - behavior Gap in Urban Residents' Green Travel Behavior: A Theoretical and Empirical Study", *Resources, Conservation and Recycling*, No. 125, 2017, pp. 282 - 292.

Godwin, U., Bagchi, K. and Maity, M., "Exploringfactors Affecting Digital Piracy Using the Norm Activation and UTAUT Models: The Role of National Culture", *Journal of Business Ethics*, Vol. 135, No. 3, 2016, pp. 605 - 605.

Golob, T., F., Hensher, D. A., "Greenhouse Gas Emissions and Australian Commuters' Attitudes and Behaviour Concerning Abatement Policies and Personal Involvement", *Transportation Research Part D: Transport and Environment*, Vol. 3, No. 1, 1998, pp. 1 - 18.

Grazhdani, D., "Assessing the Variables Affecting on the Rate of Solid Waste Generation and Recycling: An Empirical Analysis in Prespa Park", *Waste Management*, Vol. 48, No. 2, 2016, pp. 3 - 13.

Green, L. W. and Kreuter, M. W., *Health Promotion Planning: An Educational and Ecological Approach: 3rd Edition*, Mountain View: Mayfield Publishing Company, 1999, pp. 621.

Grob, A., "A Structural Model of Environmental Attitudes and Behaviour", *Journal of Environmental Psychology*, Vol. 15, No. 3, 1995, pp. 209 - 220.

Groening, C., Sarkis, J. and Zhu, Q., "Green Marketing Consumer - level Theory Review: A Compendium of Applied Theories and Further Research Directions", *Journal of Cleaner Production*, Vol. 172, 2018, pp. 1848 – 1866.

Guagnano, G. A. , "Influences on Attitude – behavior Relationships", *Environment and Behavior*, Vol. 27, No. 5, 1995, pp. 699 – 718.

Gyberg, P. , Palm, J. , "Influencing Household's Energy Behavior: How is this Done and on What Premises?", *Energy Policy*, Vol. 37, No. 7, 2009, pp. 2807 – 2813.

Hajli, M. N. , "The Role of Social Support on Relationship Quality and Social Commerce", *Technological Forecasting and Social Change*, No. 87, 2014, pp. 17 – 27.

Harth, N. S. , Leach, C. W. and Kessler, T. , "Guilt, Anger, and Pride About In – group Environmental Behaviour: Different Emotions Predict Distinct Intentions", *Journal of Environmental Psychology*, No. 34, 2013, pp. 18 – 26.

Heckler, S. E. , Childers, T. L. and Arunachalam, R. , "Intergenerational Influences in Adult Buying Behaviors: An Examination of Moderating Factors", *Advances in Consumer Research*, No. 16, 1989, pp. 276 – 284.

Higgins, E. T. , "Making a Good Decision: Value from Fit", *The American Psychologist*, Vol. 55, No. 11, 2000, pp. 1217 – 30.

Hines, J. M. , Hungerford, H. R. and Tomera, A. N. , "Analysis and Synthesis of Research on Responsible Environmental Behavior: A Meta – analysis", *The Journal of Environmental Education*, Vol. 18, No. 2, 1987, pp. 1 – 8.

Hopper, J. , Nielsonm J. M. , "Recycling as Altruistic Behavior: Normative and Behavioral Strategies to Expand Participation in a Community Recycling Program", *Environment and Behavior*, Vol. 23, No. 2, 1991, pp. 195 – 200.

Hornik, J. , Cherian, J. , Madansky, M. , Narayana, C. , "Determinants of Recycling Behavior: A Synthesis of Research Results", *The Journal of Socio – Economics*, Vol. 24, No. 1, 1995, pp. 105 – 127.

Howell, R. A. , "It's not (just) 'the Environment, Stupid!' Values, Motivations, and Routes to Engagement of People Adopting Lower – carbon Lifestyles", *Global Environmental Change*, Vol. 23, No. 1, 2013, pp. 281 – 290.

Hunter, L. M. , Alison, H. and Aaron, J. , "Cross – National Gender Variation in Environmental Behaviors", Social Science Quarterly, Vol. 85, No. 3,

2004, pp. 677 – 694.

Hunecke, M. and Blobaum, A. , eds. , "Responsibility and Environment Ecological Norm Orientation and External Factors in the Domain of Travel Mode Choice Behavior", *Environment and Behavior*, Vol. 33, No. 6, 2001, pp. 830 – 852.

Ironmonger, D. S. , Aitken, C. K. , Erbas, B. , "Economies of Scale in Energy use in Adult – only Households", *Energy Economics*, Vol. 17, No. 4, 1995, pp. 301 – 310.

Jagers, S. C. , Linde, S. , Martinsson, J. and Matti, S. , "Testing Theimportance of Individuals' Motives for Explaining Environmentally Significant Behavior", *Social Science Quarterly*, Vol. 98, No. 2, 2017, pp. 644 – 658.

Jones, R. E. , Dunlap, R. E. , "The Social Bases of Environmental Concern: Have They Changed over Time", *Rural Sociology*, Vol. 57, No. 1, 1992, pp. 28 – 47.

Kaiser, F. G. , Wolfing, S. and Fuhrer, U. , "Environmental Attitude and Ecological Behavior", *Environmental Psychology*, Vol. 19, No. 1, 1999, pp. 1 – 19.

Kaiser, F. G. , Doka, G. , Hofstetter, P. and Ranney M. A. , "Ecological Behavior and Its Environmental Consequences: A Life Cycle Assessment of A Self – report Measure", *Journal of Environmental Psychology*, Vol. 23, No. 1, 2003, pp. 11 – 20.

Kaush, M. L. , Griffiths, T. L. and Lewandowsky, S. , "Iterated Learning: Intergenerational Knowledge Transmission Reveals Inductive Biases", *Psychonomic Bulletin and Review*, Vol. 14, No. 2, 2007, pp. 288 – 294.

Khashe, S. , Heydarian, A. , Gerber, D. , Becerik – Gerber, B. , Hayes, T. , Wood, W. , "Influence of Leed Branding on Building Occupants' Pro – environmental Behavior", *Building and Environment*, Vol. 94, No. 2, 2015, pp. 477 – 488.

Kim, Y. , Choi, S. M. , "Antecedents of Green Purchase Behavior: An Examination of Collectivism, Environmental Concern, and PCE", *Advance in Consumer Research*, Vol. 32, No. 2, 2005, pp. 592 – 599.

Klineberg, S. L. , McKeever, M. , Rothenbach, B. , "Demographic Predictors of Environmental Concern: It Does Make a Difference How It's Measured", *Social Science Quarterly*, Vol. 79, No. 4, 1998, pp. 734 – 753.

Lee, H. , Kurisu, K. , Hanaki, K. , "The Effect of Information Provision on Pro – Environmental Behaviors", *Low Carbon Economy*, Vol. 6, No. 2, 2015, pp. 30 – 40.

Lee, T. H. , Jan, F. H. , Yang, C. C. , "Conceptualizing and Measuring Environmentally Responsible Behaviors from the Perspective of Community – based Tourists", *Tourism Management* Vol. 36, 2013, pp. 454 – 468.

Lee, Y. , Kim, S. , Kim, M, and Choi, J. , "Antecedents and Interrelationships of Three Types of Pro – environmental Behavior", *Journal of Business Research*, Vol. 67, No. 10, 2014, pp. 2097 – 2105.

Lenzen, M. , Wier, M. , Cohen, C. , Hayami, H. , Pachauri, S. , Schaeffer, R. , "A Comparative Multivariate Analysis of Household Energy Requirements in Australia, Brazil, Denmark, India and Japan", *Energy*, Vol. 31, No. 2, 2006, pp. 181 – 207.

Linden, A. L. , Carlsson – Kanyama, A. , Eriksson, B. , "Efficient and Inefficient Aspects of Residential Energy Behaviour: What are the Policy Instruments for Change?", *Energy policy*, Vol. 34, No. 14, 2006, pp. 1918 – 1927.

Lu, H. , Zou, J. , Chen, H. , Long, R. , "Promotion or Inhibition? Moral Norms, Anticipated Emotion and Employee's Pro – environmental Behavior", *Journal of Cleaner Production*, Vol. 258, 2020, pp. 120858.

Mccalley, L. T. , Midden, C. J. H. , "Energy Conservation through Product – integrated Feedback: The Roles of Goal – setting and Social Orientation", *Journal of Economic Psychology*, Vol. 23, No. 5, 2002, pp. 589 – 603.

McMillan, E. E. , Wright, T. and Beazley, K. , "Impact of a University – level Environmental Studies Class on Students' Values", *The Journal of Environmental Education*, Vol. 35, No. 3, 2004, pp. 19 – 27.

Mehrabian, A. , Russell, J. A. , *An Approach to Environmental Psychology*, Cambridge, MA: MIT Press, 1975.

Milfont, T. L. , Sibley, C. G. , "Empathic and Social Dominance Orientations

Help Explain Gender Differences in Environmentalism: A One – year Bayesian Mediation Analysis", *Personality and Individual Differences*, Vol. 90, 2016, pp. 85 – 88.

Nan, L. , "Social Networks and Status Attainment", *Annual Review of Sociology*, Vol. 25, No. 1, 1999, pp. 467 – 487.

Newell, S. J. , Green, C. L. , "Racial Differences in Consumer Environmental Concern", *Journal of Consumer Affairs*, Vol. 31, No. 1, 1997, pp. 53 – 69.

Olli, E. , Grendstad, G. , Wollebaek, D. , "Correlates of Environmental Behaviors Bringing Back Social Context", *Environment and Behavior*, Vol. 33, No. 2, 2001, pp. 181 – 208.

Onwezen, M. C. , Gerrit A. and Jos B. , "The Norm Activation Model: An Exploration of the Functions of Anticipated Pride and Guilt in Pro – environmental Behaviour", *Journal of Economic Psychology*, No. 39, 2013, pp. 141 – 153.

Ordanini, A. , Parasuraman, A. and Gaia R. , "When the Recipe is More Important than the Ingredients: A Qualitative Comparative Analysis (QCA) of Service Innovation Configurations", *Journal of Service Research*, No. 17, 2014, pp. 134 – 149.

Oskamp, S. , Harrington, M. , Edwards, T. , "Factors Influencing Household Recycling Behavior", *Environment and Behavior*, Vol. 23, No. 4, 1991, pp. 494 – 519.

Ouyang, J. , Hokao, K. , "Energy – saving Potential by Improving Occupants' Behavior in Urban Residential Sector in Hangzhou City, China", *Energy and Buildings*, Vol. 41, No. 7, 2009, pp. 711 – 720.

Park, J. and Ha, S. , "Understanding Consumer Recycling Behavior: Combining the Theory of Planned Behavior and the Norm Activation Model", *Family and Consumer Sciences Research Journal*, Vol. 42, No. 3, 2014, pp. 278 – 291.

Paul, C. S. , "New Environmental Theories: Toward a Coherent Theory of Environmentally Significant Behavior", *Journal of Social Issues*, Vol. 56, NO. 3, 2000, pp. 407 – 424.

Plaut, P. O. , "Non – motorized Commuting in the US", *Transportation Research Part D*, Vol. 10, No. 5, 2005, pp. 347 – 356.

Poortinga, W. , Steg, L. , and Vlek, C. , "Values, Environmental Concern, and Environmental Behavior: A Study Into Household Energy Use", *Environmental and Behavior*, Vol. 36, No. 1, 2004, pp. 70 – 93.

Poortinga, W. , Whitmarsh, L. and Suffolk, C. , "The Introduction of a Single – use Carrier Bag Charge in Wales: Attitude Change and Behavioural Spillover Effects", *Journal of Environmental Psychology*, No. 36, 2013, pp. 240 – 247.

Price, J. C. , Walker, I. A. , Boschetti, F. , "Measuring Cultural Values and Beliefs About Environment to Identify Their role in Climate Change Responses", *Journal of Environmental Psychology*, Vol. 37, No. 3, 2014, pp. 8 – 20.

Ragin, C. C. , *Fuzzy – Set Social Science*, Chicago: University of Chicago Press, 2000.

Ragin, C. C. , *Redesigning Social Inquiry: Fuzzy Sets and Beyond*, Chicago: University of Chicago Press, 2008.

Roberts, J. , "Green Consumers in the 1990s: Profile and Implications for Advertising", *Journal of Business Research*, Vol. 36, No. 3, 1996, pp. 217 – 231.

Sardianou, E. , "Estimating Energy Conservation Patterns of Greek Households", *Energy Policy*, Vol. 35, No. 7, 2007, p. 3778 – 3791.

Scannell, L. and Gifford, R. , "The Relations Between Natural and Civic Place Attachment and Pro – environmental Behavior", *Journal of Environmental Psychology*, No. 3, 2010, pp. 289 – 297.

Schahn, J. , and Holzer, E. , "Studies of Individual Environmental Concern: The Role of Knowledge, Gender, and Background Variables", *Environment and Behavior*, Vol. 22, No. 6, 1990, p. 767 – 786.

Schneider, C. Q. and Wagemann, C. , *Set – theoretic Methods for the Social Sciences: a Guide to Qualitative Comparative Analysis*, Cambridge: Cambridge University Press, 2012.

Schultz, P. W. , Zelezny, L. , "Values as Predictors of Environmental Attitudes", *Journal of Environmental Psychology*, Vol. 19, No. 3, 1999, pp. 255 – 265.

Schultz, P. W. , Messina, A. , Tronu, G. , Limas, E. F. , Gupta, R. , Estrada, M. , "Personalized Normative Feedback and the Moderating Role of Personal Norms: A field Experiment to Reduce Residential Water Consumption", *Environment and Behavior*, Vol. 48, No. 5, 2016, pp. 686 – 710.

Schwartz, S. H. , "Normative Influence on Altruism", *Advances in Experimental Social Psychology*, No. 10, 1977, pp. 222 – 275.

Schwartz, S. H. , "Normative Explanations of Helping Behavior: A Critique, Proposal, and Empirical Test", *Journal of Experimental Social Psychology*, Vol. 9, No. 4, 1973, pp. 349 – 364.

Schwepker, C. H. , Cornwell, T. B. "An Examination of Ecologically Concerned Consumers and their Intention to Purchase Ecologically Packaged Products", *Journal of Public Policy and Marketing*, Vol. 10, No. 2, 1991, pp. 77 – 101.

Scott, B. A. , "Meeting Environmental Challenges: The Role of Human Identity", *Journal of Environmental Psychology*, Vol. 29, No. 4, 2009, pp. 535 – 537.

Scott, D. , Willits, F. , "Environmental Attitude and Behavior: A Pennsylvania Survey", *Environment and Behavior*, Vol. 26, No. 2, 1994, pp. 239 – 260.

Shen, J. , Saijo, T. , "Does an Energy Efficiency Label Alter Consumers' Purchasing Decisions? A latent Class Approach Based on a Stated Choice Experiment in Shanghai", *Journal of Environmental Management*, Vol. 90, No. 11, 2009, pp. 3561 – 3573.

Sheth, J. N. , Newman, B. I. and Gross, B. L. , "Why We Buy What We Buy: A Theory of Consumption Values", *Journal of Business Research*, Vol. 22, No. 2, 1991, pp. 159 – 170.

Sia, A. P. and Harold R. H. eds. , "Selected Predictors of Responsible Environmental Behavior: An Analysis", *The Journal of Environmental Education*, Vol. 17, No. 2, 1986, pp. 31 – 40.

Singh, N. , "Exploring Socially Responsible Behaviour of Indian Consumers: An Empirical Investigation", *Social Responsibility Journal*, Vol. 5, No. 2, 2009, pp. 200 – 211.

Smith, J. R., McSweeney, A., "Charitable Giving: The Effectiveness of a Revised Theory of Planned behaviour Model in Predicting Donating Intentions and Behaviour", *Journal of Community&Applied Social Psychology*, Vol. 17, No. 5, 2007, pp. 363 – 386.

Smith – Sebasto, N. J., D' costa, A., "Designing a Likert – type Scale to Predict Environmentally Responsible Behavior in Undergraduate Students: A Multistep Process", *Journal of Environmental Education*, Vol. 27, No. 1, 1995, pp. 14 – 20.

Sottile, E., Meloni, I., Cherchi, E., "A Hybrid Discrete Choice Model to Assess the Effect of Awareness and Attitude Towards Environmentally Friendly Travel Modes", *Transportation Research Procedia*, Vol. 5, 2015, pp. 44 – 55.

Steg, L., "Promoting Household Energy Conservation", *Energy policy*, Vol. 36, No. 4, 2008, pp. 4449 – 4453.

Stern, P. C., "New Environmental Theories: Toward a Coherent Theory of Environmentally Significant Behavior", *Journal of Social Issues*, Vol. 56, No. 3, 2000, pp. 407 – 424.

Stern, P. C. and Dietz, T., "The Value Basis of Environmental Concern", *Journal of Social Issues*, Vol. 50, No. 3, 1994, pp. 65 – 84.

Stern, P. C. and Dietz, T., et al., "A Value – belief – norm Theory of Support for Social Movements: The Case of Environmentalism", *Human Ecology Review*, Vol. 6, No. 2, 1999, pp. 81 – 97.

Susilo, Y. O., Williams, K., Lindsay, M. and Dair, C., "The Influence of Individuals' Environmental Attitudes and Urban Design Features on their Travel Patterns in Sustainable Neighborhoods in the UK", *Transportation Research Part D*, Vol. 17, No. 3, 2012, pp. 190 – 200.

Sweeney, J. C. and Geoffrey N. S., "Consumer Perceived Value: The Development of a Multiple Item Scale", *Journal of Retailing*, Vol. 77, No. 2, 2001, pp. 203 – 220.

Synodinos, N. E., "Environmental Attitudes and Knowledge: A Comparison of Marketing and Business Students with Other Groups", *Journal of Business Research*, Vol. 20, No. 2, 1990, pp. 161 – 170.

Tanner, C. , "Constraints on Environmental Behaviour", *Journal of Environmental Psychology*, Vol. 19, No. 2, 1999, pp. 145 – 157.

Thøgersen, J. , "Recycling and Morality: A Critical Review of the Literature", *Environment and Behavior*, Vol. 28, No. 4, 1996, pp. 536 – 558.

Thøgersen J. , "Pro – environmental Spillover Review of Research on the Different Pathways Through Which Performing one Pro – environmental Behaviour can Influence the Likelihood of Performing Another", 2019.

Thøgersen, J. and Crompton, T. , "Simple and Painless? The Limitations of Spillover in Environmental Campaigning", *Journal of Consumer Policy*, Vol. 32, No. 2, 2009, pp. 195 – 199.

Thøgersen, J. and Noblet, C. , "Does Green Consumerism Increase the Acceptance of Wind Power?", *Energy Policy*, No. 51, 2012, pp. 854 – 862.

Tiefenbeck, V. and Staake, T. , eds. , "For Better or for Worse? Empirical Evidence of Moral Licensing in a Behavioral Energy Conservation Campaign", *Energy Policy*, No. 57, 2013, pp. 160 – 171.

Tonglet, M. , Phillips, P. S. , Bates, M. P. , "Determining the Drivers for Householder Pro – environmental Behaviour: Waste Minimisation Compared to Recycling", *Resources, Conservation and Recycling*, Vol. 42, No. 1, 2004, pp. 27 – 48.

Truelove, H. B. and Carrico, A. R. , eds. , "Positive and Negative Spillover of Pro – environmental Behavior: An Integrative Review and Theoretical Framework", *Global Environmental Change*, No. 29, 2014, pp. 127 – 138.

Udo, G. , Bagchi, K. , Maity, M. , "Exploring Factors Affecting Digital Piracy Using the Norm Activation and Utaut Models: The Role of National Culture", *Journal of Business Ethics*, Vol. 135, No. 3, 2016, pp. 517 – 541.

Valkila, N. , Saari, A. , "Attitude – behaviour Gap in Energy Issues: Case Study of Three Different Finnish Residential Areas", *Energy for Sustainable Development*, Vol. 17, No. 1, 2013, pp. 24 – 34.

Van Liere, K. D. , Dunlap, R. E. , "The Socially Bases of Environmental Concern: A Review of Hypotheses, Explanations and Empirical Evidence", *Public Opinion Quarterly*, Vol. 44, No. 2, 1980, pp. 181 – 197.

Varotto, A. , and Spagnolli, A. , "Psychological Strategies to Promote House-hold Recycling: A Systematic Review with Meta – analysis of Validated Field Interventions", *Journal of Environmental Psychology*, No. 51, 2017, pp. 168 – 188.

Vassanadumrongdee, S. and Kittipongvises, S. , "Factors Influencing Source Separation Intention and Willingness to Pay for Improving Waste Management in Bangkok, Thailand", *Sustainable Environment Research*, No. 2, 2018, pp. 90 – 99.

Vringer, K. , Albers, T. and Blok, K. , "Household Energy Requirement and Value Patterns", *Energy Policy*, Vol. 35, No. 1, 2007, pp. 553 – 566.

Wan, C. , Shen, G. Q. , and Choi, S. , "Experiential and Instrumental Atti-tudes: Interaction Effect of Attitude and Subjective Norm on Recycling Inten-tion", *Journal of Environmental Psychology*, Vol. 50, 2017, pp. 69 – 79.

Wang, S. , Wang, J. and Zhao, S. , eds. , "Information Publicity and Resident's Waste Separation Behavior: An Empirical Study Based on the Norm Activation Model", *Waste Management*, No. 87, 2019, pp. 33 – 42.

Wang, X. , Tu, M. and Yang, R. , eds. , "Determinants of Pro – environmen-tal Consumption Intention in Rural China: The Role of Traditional Cultures, Personal Attitudes and Reference Groups", *Asian Journal of Social Psychol-ogy*, Vol. 19, No. 3, 2016, pp. 215 – 24.

Whitmarsh, L. , "Behavioural Responses to Climatechange: Asymmetry of In-tentions and Impacts", *Journal of Environmental Psychology*, Vol. 29, No. 1, 2009, pp. 13 – 23.

Xiao, C. , Hong, D. , "Gender Differences in Environmental Bchaviors Among the Chinese Public: Model of Mediation and Moderation", *Environment and Behavior*, Vol. 50, No. 9, 2018, pp. 975 – 996.

Yang, S. , Zhang, Y. and Zhao, D. , "Who Exhibits more Energy – saving Be-havior in Direct and Indirect Ways in China? The Role of PsychologicalF-factors and Socio – demographics ", *Energy Policy*, No. 93, 2016, pp. 196 – 205.

Yin, J. and Shi, S. , "Social Interaction and the Formation of Residents' Low – carbon Consumption Behaviors: An Embeddedness Perspective", *Resources*,

Conservation and Recycling, No. 164, 2011, pp. 105 – 116.

Zeithaml, V. A., "Consumer Perceptions of Price, Quality, and Value: A Means – end Model and Synthesis of Evidence", *Journal of Marketing*, Vol. 52, No. 3, 1988, pp. 2 – 22.

Zhang, H., Liu, J., Wen, Z. and Chen, Y., "College students' Municipal Solid Waste Source Separation Behavior and its Influential Factors: A Case Study in Beijing, China", *Journal of Cleaner Production*, Vol. 164, 2017, pp. 444 – 454.

Zhang, X., Cao, Q. and Grigoriou, N., "Consciousness of Social Face: The Development and Validation of a Scale Measuring Desire to Gain Face Versus Fear of Losing Face", *The Journal of Social Psychology*, Vol. 151, No. 2, 2011, pp. 129 – 149.

Zhao, H. H., Gao, Q., Wu, Y. P., Wang, Y. and Zhu, X. D., "What Affects Green Consumer Behavior in China? A Case Study from Qingdao", *Journal of Cleaner Production*, Vol. 63, No. 2, 2014, pp. 143 – 151.